高餐大的店

創業與夢想 III

18位餐飲職人創業的夢想與實踐

五南圖書出版公司 印行

國立高雄餐旅大學 主編

第三本校友創業系列書刊之序

根據經濟部統計創業青年只有一成可以成功，而僅有1％得以經營超過五年。此一數字在在告訴我們創業維艱、維難的現實。年輕人最應該擁有創業的夢想，尤其高餐人比別人擁有更多的創業DNA：從第一本到第三本校友創業系列書刊出版以來，高餐人一個個鮮活的創業故事已經證明了這個事實。對於無論故事中的或故事外，默默耕耘創業有成的高餐人，我們皆應給予最大的掌聲及肯定，學校師長齊同倍感與有榮焉。

由校友們創業的案例歸納可知，成功的企業家大凡須經歷以下四個階段：第一階段是**「自我的啟動」**：這個階段首先是對於自我創業主觀意識的喚起，也就是立定將夢想、理想、抱負實現的意願，然後勇敢地付諸行動，跨出創業的第一步，這就是啟動創業的推力。換言之，啟動創業的最重要兩個要素，就是「夢想」及「勇氣」，缺一不可。從此書中我們可以看到一個個創業的夢想如何被激發出來，進而開展的心路歷程，相當有啟發性、激勵性，值得細細品味。

第二階段**「創業的挑戰」**：自我啟動之後所面對的就是現實世界的嚴厲挑戰、深切煎熬，及似無盡頭的意志折磨。從資金籌措，人力組織，經營籌備，到市場營銷等等，都會是關關難過，而必須關關過。此時需要能夠充分掌握該行業、產業領域的最新資訊與知能，及充實的專業力

（Expertise），同時，也需要依賴創業人堅持理想的熱情及樂觀，以及堅忍不拔的意志力，甚至要有打死不退的戰鬥力！然而，在主觀性、主動性的作爲之外，創業者或許得要有幾分的宿命感，畢竟是「盡其在我，成事在天」。因爲客觀的環境及條件，或所謂的運氣好壞，往往是創業成敗的推力或阻力。時勢可以造英雄，當然也會滅英雄。近兩三年的疫情對餐旅產業的衝擊即是最好映證。常言道：「天時、地利、人和」，這三個客觀因素正說明了其間之理。在書中所述的校友創業過程，有胼手胝足的奮鬥不懈，有懷抱理想的樂觀堅守、有義結兄弟的共創砥礪、有從員工餐的頓悟創新、有獨樹一格的創意實現、有紮根鄉里的小店模式、有因緣巧合的貴人扶持、也有著刻苦銘心的辛酸血淚，都是一篇篇有啟發性、勉勵性、戲劇性，且足以爲訓、精彩感人的故事，堪爲欲開店及創業年輕人之借鏡或表率。

第三階段「**經營的永續**」：創業家的英文是Entrepreneur，即企業家之意，換言之，創業家就是必須具有企業家的經營能力，方得使孵化有成的事業得以屹立長存，此時所需要的是：組織化企業體系、專業化經營團隊、策略性規劃發展等等，方能永續不朽。爾今，處於智慧經濟時代裡，智能科技的躍進、產業新創的翻轉，以及消費市場的解構；加上，環境氣候的異常，嚴重病毒的肆虐，世人似漸習以爲常。因此，企業家必須利用新興科技、數位治理（Digital Governance），掌握產業趨勢、市場脈動，以可取得的資源不斷地展現求變創新的能量，尋求動態的平衡發展，營造更有靈活性（Elastic）的企業條件，更具適應性（Adaptive）的經營模式，進而因勢利導，迨能在百變世界裡面，無往不利、長青不墜。

第四階段「**企業的典範**」：在創業有成之後，在企業的經營之中總會遭遇若干道德性的議題或困境，此時不僅考驗企業領導人的價值判斷，也將會展現出其眞正的人格素質及組織文化，更將會是社會論斷其企業的主要依循。因此，成功的企業家必須要有堅守公司治理（Corporate Governance）、企業倫理、良善經營的道德勇氣及信念，並期許公司擁有卓著信譽、優質企業的評價。企業成功的經營當可爲企業帶來財務的榮華、聲譽的榮耀，對企業內部員工照顧、股東分潤是理所當然。然而，企業並不能自絕於社會、地球村之外，因而「社會企業」（Social Enterprise）已蔚爲風潮並成爲主流趨勢，無論企業大小，皆應兼顧經濟、環境與社會的永續發展，關注世界與社會的議題，積極力行CSR、ESG經營理念及模式，以善盡企業的社會責任，並自許成爲企業的典範，方不愧爲全球公民一份子。

總之，在校時「學生」是學校最珍貴的資產，畢業後「校友」則成爲學校最有價值的資源。因此，學校擬定了強化連結（Connect）校友的4C政策，包括緊密（Close）校友關係、集結（Combine）校友力量、協同（Coordinate）校友創業，立譽（Credit）共創品牌。具體而言，整合校友設立創業基金會並建構創業平台，以集結創業有成校友的資源及經驗，大手攜小手共創品牌系統，期使高餐成爲餐旅創業家的搖籃，爲國內的觀光與餐旅產業持續注入新血輪，並孵育成永續的長青企業。

陳敦基
國立高雄餐旅大學校長

CONTENTS

El.Olor 十六歲起跑的花樣年華甜點夢

毛湘云

El.Olor法式甜點的位置位於臺南安南工業區。

引言

現在才二十六歲的毛湘云，洋洋灑灑的得獎獎項和曾經在澳門摩伯斯 Pierre Herme 法式甜點店正式任職，讓她的甜點資歷華麗且亮眼，因爲疫情的關係，她結束澳門的工作，回臺後創立 El.Olor 法式甜點品牌，完成從十六歲開跑的甜點夢。

INDEX

El.Olor法式甜點

地址：臺南市安南區工業二路156號

電話：(06) 384-3093

營業時間：14:00~19:00 / 日、一休

像是展示精品的甜點櫃。

毛湘云在澳門與Pierre Herme的合影。

冷藏甜點禮盒內有五款小蛋糕，作工精細。

毛湘云　小檔案

出生：一九九六年十一月二十八日

學歷：國立高雄餐旅大學餐飲管理系、大同技術學院烘培管理科

獎項：二〇一九盧森堡世界盃麵團展示銅牌、二〇一九 HOFEX 香港美食大獎塑型翻糖銀牌、二〇一九 HOFEX 香港美食大獎現場下午茶金牌、二〇一九 FHM 馬來西亞吉隆坡廚藝挑戰賽亞洲青年廚師 tigercup 黑盒子挑戰賽 - 冠軍／最佳甜點等等。

證照：烘焙食品—麵包丙級、烘焙食品—西點蛋糕丙級、技術士證照取得、中式麵食加工—酥油皮丙級、飲料調製丙級、烘焙食品—西點蛋糕麵包乙級、泡沫茶飲師、美國飯店協會教育學院 AHLEI 餐飲營運管理

實習：帕莎蒂娜

經歷：挑食餐酒館一年
澳門摩伯斯 Pierre Herme 法式店一年

創業：El.Olor 法式甜點

El.Olor 法式甜點的位置在距離市中心極度偏遠的安南工業區，挑高的樓面空間，除了像是精品店般的甜點展示櫃之外，偌大的開放廚房佔據了三分之二，主廚毛湘云在大型的壓麵機、急速冷凍冰箱前顯得身材嬌小玲瓏。

手工巧克力禮盒也很有水準。

店內主打外帶，所以只
有一個等候區。

El.Olor的開放式廚房可以看到毛湘云製作甜點的狀況。

「我還記得我十八歲去實習時，正是吳寶春師傅拿到世界麵包大賽冠軍的時候，那時為了接觸平日比較少做的麵包，去了高雄在地非常知名的烘焙店實習，因為我身材很矮小，在需要體力時都很吃力。」毛湘云說一般人都以為做烘焙的光鮮亮麗，但實際上並非如此，有時體力負荷更是超乎想像。

喜歡甜點　十六歲立定志向

在國中升高中的階段，毛湘云就已經立定志向要做甜點，正當一般人還因為青春期一片迷惘時，十六歲的她就已經考入高職烘焙系，跟隨著學校的腳步密集練基礎、做甜點，開始

馬卡龍禮盒有三種口味，配方與Pierre Herme相同。

考證照，等到考上五專，開始有國際性的甜點競賽，她就成爲選手出國比賽，一路從二〇一二年拿到銅牌，不斷朝銀牌、金牌邁進。努力七年後，她終於拿下了第一面金牌，並且有了到國外工作的機會。「對甜點，我從來不曾迷惘過。」毛湘云說。

毛湘云會如此堅定的走向甜點之路的原因，在於相較兩個哥哥都是資優班，毛湘云對課業是沒有信心的。可是，當她向家人提出想要學習烘焙時，父母並沒有很支持，「爲了向我的家人證明，只要我選擇了甜點，我就會認眞做，也會做得很棒」，因此，毛湘云拚了命的努力，每年幾乎不放寒暑假，每天進廚房做甜點，累了就睡在廚房，如此反覆練習，督促自己。

但在十八歲那年，爲了加強麵包烘焙，前往知名烘焙店實習時，讓她短暫萌生退意，「那時，烘焙業流行用語是說『把女生當男生用，男生當狗用』。」毛湘云說。她每天早上騎著腳踏車早上五點半上班，天黑還下不了班，那一陣子她不顧面子每天哭著打電話跟媽媽訴苦，「但現在回頭想想，也因爲這段經歷，讓我現在做任何事都不怕。」毛湘云說。

也因爲不斷努力，機會找到了準備好的毛湘云。

把每一次國際比賽都當作是一張履歷的毛湘云，二〇一九年因在香港

下午茶競賽中的金牌作品，讓當時擔任澳門摩伯斯 Pierre Herme 主廚一吃驚艷不已，因此，透過相熟的迪士尼飯店甜點主廚的舉薦，讓她得以正式進入澳門摩伯斯 Pierre Herme 工作，並且負責馬卡龍的製作，讓自己的資歷又華麗的添上一筆。

但在二〇二〇年疫情的衝擊下，澳門摩伯斯 Pierre Herme 宣布解散，雖然主廚力邀毛湘云到法國工作，不過諸多考量，還是讓她回到臺灣，並且開了 El. Olor 法式甜點。「所謂的『El. Olor』是源自於西班牙語『氣味』的意思；讀音和臺語的『欸～厚～額～樂』有相似的發音，所以就以此爲名。」毛湘云說。El. Olor 完全以甜點禮盒爲主，包含冷藏小甜點、馬卡龍和手工巧克力等三種。從甜點到外觀禮盒的設計，毛湘云一手包辦。

初次創業，毛湘云雖然有家中支持，但因爲個性善良、單純，不僅被不少人騙錢，就連食材商也因爲 El. Olor 店處偏僻，店小用量少，態度愛理不

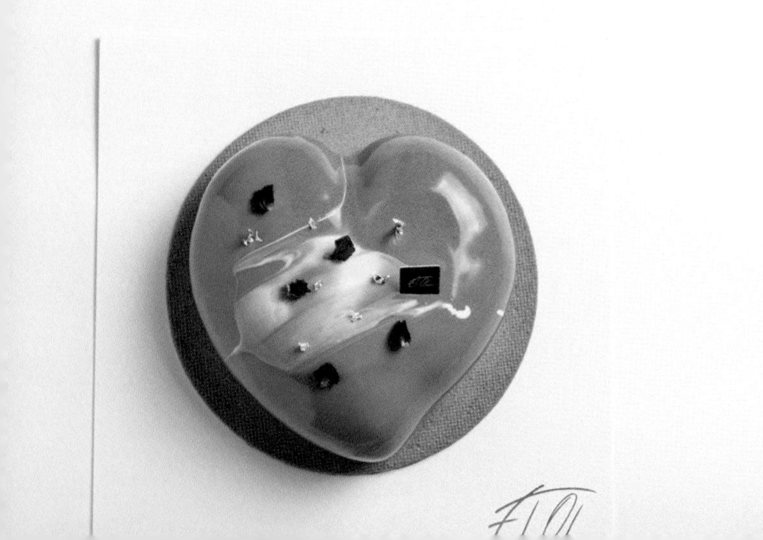

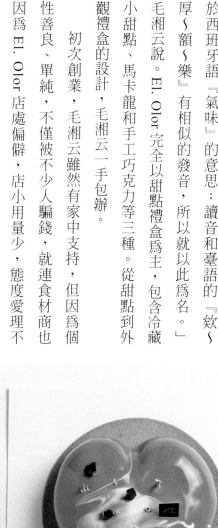

理，也常對毛湘云酸言酸語，但毛湘云都堅持下來了。

臺灣人吃甜 強調不吃太甜

撇開在澳門工作遭受到的文化和語言的差異，毛湘云回臺後感受到臺灣、澳門兩地對甜點的認知差異，比如同樣一個檸檬塔在澳門可以賣到三百多元臺幣，甜度也遠比臺灣來的更接近法國許多，尤其在臺南開業後，發現臺南人認知的甜點多數停留在較為清淡、以蛋糕體和鮮奶油構成的日式甜點居多，對於以慕斯為主體，多層次構建的法式甜點並不熟稔，毛湘云必須投入更多的時間與客人溝通。

「每一天，我們都至少會接到一次客人詢問：『你們的甜點甜不甜』？」毛湘云很無奈。在法式甜點的慕斯結構中，除了香草、奶油、巧克力等風味外，多數會以果泥製作，雖然一般人覺得水果風味比較清爽，但實際上為了平衡水果的酸度，其實含糖量也很高，但一般人都忽略了風味平衡，而聚焦在甜度上；另外，因為法式甜點使用到大量進口乳製品和食材，導致成本價格偏高，對臺南客人也是一大挑戰。

為了達到風味平衡，又能滿足客人的甜度要求，毛湘云每季採買大量臺灣新鮮水果製作成果醬，分批包裝，放入冷凍以備一年所需，甚至店內所使用的榛果醬、堅果醬等都自行製作，以取代甜點中所需的果泥和手工巧克力中的內餡。「我們盡量透過大量的自製，控制甜點中不要有不必要的含糖量，這是我們可以做到的減糖。」毛湘云說。

雖然，毛湘云喜愛法式甜點，但卻也不侷限在法式甜點的範疇，她的創作隨著生活而源源不絕，「像是我店內的招牌啵啵，使用到臺灣芋頭就是因爲我曾經工作過的 Fine Dining 餐廳的老闆給我的靈感，而內餡使用到啵啵奶茶的奶茶餡，命名啵啵則是因爲抖音的一則影片故事。」毛湘云說。

人生的夢想很多，就看你能不能堅持，毛湘云努力十年構築自己的甜點夢，證明人只要堅持，就能緩緩的實現夢想，試著問問自己，爲了夢想，你可以堅持多久？

給學弟妹的建議

每一次的機會都要全力以赴，問心無愧的去做。
沉穩的磨練自己的基礎，別想著跳過基礎，直接做超過自己能力的東西，就會產生更大的挫折。
如果你們喜歡做一件事，就不要有藉口，就要無條件的去奉獻。

弎弎蔬食

陳薇亘

懷抱遠大夢想　以素食守護未來

白色獨棟民宿，一樓就是陳薇亘的店舖。

引言

環保、永續議題在全球延燒，在加拿大遊學時因爲深入研究，進而吃素的陳薇亘，爲了推廣素食，回臺一番精準盤算後，在疫情中決然開店，經歷了兩年完完整整COVID-19疫情的試煉，即便大環境條件嚴苛，依然熱情不減，朝著目標以蝸步緩慢前行。

INDEX

弎弎蔬食

地址：新北市林口區四維路245巷20號

（舊址：臺南市中西區海安路二段115巷3號）

電話：0928428396

臉書：https://www.facebook.com/MenV3gan

營業時間：12:00~21:00無休

門口的logo設計，素雅卻傳達綠色環保的意念。

風味蕈菇純米粉是以百分百的純米拌炒蕈菇而成。

陳薇亘　小檔案

出生：一九九六年十一月五日，臺南

學歷：高雄餐旅大學五專廚藝科

實習：開飯川食堂

證照：中餐及西餐丙級

經歷：高雄咖啡鳥咖啡館、臺灣穀物產業發展協會專案計畫人員、長春連鎖健康素食、食米學園講師、素食分享講師

創業：Me n v3gan 老三吃素、弎弎蔬食

在空闊的晴空襯托下，位於原舊址臺南中西區海安路巷子裡的獨棟白色三層樓洋房顯得巍峨高大，與其他一幢幢晦暗的老公寓相較，這棟洋房就像臺南中的地中海。老闆陳薇亘正是看上這一棟洋房的優閒氛圍，承租後才針對這個空間設計菜單和菜色，勇敢的往推廣素食的理想邁進。

菜單設計是陳薇亘工作歷練的縮影，百分之九十九採用臺灣在地食材，去除外來麵食，以飯、米粉取代，使用水果蔬菜原味烹調，減少再製豆製品，僅選用豆漿或豆包，以中式料理爲基礎，結合創意表現，希望以「vegan」、「無奶蛋」、「全植物料理」，突破一般人對素食的刻板印象。

五味蔬果炸豆包是店內僅有的豆製品，以豆包加入大量蔬果製作。

可可香辣蕈菇燉飯融入進口巧克力和辣椒，很有墨西哥風味。

青醬毛豆泥香煎豆包風味清香，美味可口。

從小喜歡料理　立志成為廚師

陳薇亘之所以踏入素食領域，和陳薇亘的求學之路有關。陳薇亘還記得剛入五專時，對同學自我介紹「因爲不想就讀一般高中，所以才來讀高雄餐飲學校」的說詞感到驚訝，因爲她從小立志當廚師，甚至不惜與家人抗爭才得以入學，自己心目中的第一名，竟是同學的不得已。

「我的媽媽和阿嬤做菜都很厲害，家人也常外出聚餐，所以我很喜歡料理，心中也想著當廚師。但因爲我的兩個哥哥書都讀得很好，所以家人希望我能夠念普通高中，接著讀大學。剛開始我也依循家人的期望去唸了，但最終還是說服家人放棄重考。」陳薇亘說。

一剛開始，陳薇亘不分科系修習中餐、西餐、烘焙和餐廳服務等等，但對於自己熟悉的中餐還是比較有興趣，再加上學校老師分析，認爲臺灣人的飲食習慣還是中餐，因此學習過程中都以中餐爲主。

畢業前夕，陳薇亘擔心英文成績不好而延畢，因此，專程前往加拿大語言學校學習英文，課程內容每一週都有不同的議題，其中一個即是環保，課本中列出不少有助於環境保護的要點，其中一項即是探討畜牧業的碳排放。每週課程結束後，陳薇亘爲了繳交英文報告會查詢更多相關資訊，在過程中對環保也越有興趣。

陳薇亘創業兩年，懷抱推廣素食的夢想。

弍弍蔬食強調是「vegan」、「無奶蛋」、「全植物料理」為理念的創新料理。

弎弎蔬食強調是「vegan」、「無奶蛋」、「全植物料理」為理念的創新料理。

因環保吃素　推廣素食

陳薇亘發現臺灣早期吃素多數是爲宗教信仰，但在國外，更多人是因爲環保而吃素。所謂的環保素，指的是沒有食用到畜牧業的相關產品，如肉品等。企業爲了生產更多肉品以獲得最大利潤，採用大規模砍伐、焚燒森林的方式開墾土地，因此從事畜牧業的過程中消耗非常多資源，包含土地、飼料和水，這些資源跟人類生活所需相比往往投資更多，若是吃素，蔬菜所耗費的資源卻非常少，「例如亞馬遜河雨林有『地球之肺』之稱，可是每年因畜牧需求都有森林大火，且有一半的面積被夷平拿來養牛。」她覺得每一天自己的每一筆消費就像是投票選舉一樣決定地球的未來，所以從那時起她決定要吃素，並盡力推廣素食。

從加拿大回臺後，陳薇亘因緣際會前往農糧署工作一年，工作內容是與推廣臺灣米食相關。「近幾年，臺灣人對小麥麵食的依賴更勝米食，但小麥超過99％皆從國外進口，再加上臺灣農民年齡老化，紛紛退休，米食更行萎縮，造成惡性循環。」陳薇亘進而在創業過程中，加入了推廣臺灣米食，店內不賣米麵，只販售米製品。

刻板印象差距　推廣素食困難

臺南擁有全臺都望其項背的小吃文化，這裡最不缺乏的是吃食，陳薇亘在這古城創業發跡，要與小吃競爭，同時也要與臺南人對素食的刻板印象對抗。「在臺北，對年輕人而言吃素是一種時尚潮流，可是在臺南不是。」陳薇亘曾經碰到一家人來餐廳吃飯，一聽說自己做的是素食，掉頭就走。

另外，現行相同價位的素食餐廳中，多數是以販售燉飯、義大利麵等爲主的西式餐廳，但弍弍蔬食卻是以米粉、飯爲主的創意

陳薇亘一人獨撐大局。

店內使用的米、米粉和天貝都精心挑過。

店內的小卡寫著陳薇亘推廣素食的心意。

中餐，即便米挑選的是臺南後壁崑濱伯的無米樂，米粉選用的是新竹100％純米，並以東南亞發酵食品天貝爲主，一般人還是不清楚食材成本結構，對價格有既定印象，「很多消費者願意花三、四百元去吃義大利麵漢堡，卻不願意以相同的價格去消費中式的飯、米粉」她說。

陳薇亘認爲一般人去挑選餐廳時，首要考量的是好吃和想吃什麼，而不是我要吃素還是吃葷，所以，她一心一意想要以好的食材和料理口感，讓客人品嚐時可以覺得好吃，且吃完後身體是舒服且愉快的，進而告訴客人推廣素食的原因，讓人瞭解吃素的好處，並接受它，即便每天可能重複面對同樣的挑戰。「我應該算是還沒妥協，還在堅持做同樣的一件事，並且在與客人互動時靠著客人正面的回饋，讓自己不那麼難過，不要被擊倒。」陳薇亘說。

雖然，在原本設定要開餐廳的目標點還沒到陳薇亘就創業了，但她深信做對的事就要提早開始，提早投下自己理念的一票，捍衛世界未來，也創造自己的未來。

私房菜頭粿以格子鬆餅機香煎，造型有趣。

青醬蕈菇櫛瓜麵是加拿大當地餐廳常見的素食菜色，在式式蔬食也吃得到。

給學弟妹的建議

陳薇亘鼓勵大家勇於擁抱新事物，讓自己的生活更豐富。「我覺得就像我推素食一樣，雖然素食還是很小眾，一個人做看似力量很小，可是如果一百人一起做，就可以給更多人看到。」她說。

大口覺醒

用料理連結人與自然

黃馨誼

引言

在職場上、人生路途上百轉千迴，又曾在奮起湖經歷過八八水災，黃馨誼說自己就在那個被直升機載送下山時有了個「覺醒」，於是她後來才以朋友慣喊她的暱稱「大口」，結合覺醒這件事，想出了店名，有了「大口覺醒」這家素食餐廳。好品質、好味道受到許多肯定，不但有許多老主顧，甚至曾於民間團體發起的全臺第一份蔬食餐廳評鑑指南「豐蔬食FVT評鑑指南」中，獲得兩顆星的高等殊榮。

INDEX

大口覺醒

地址：高雄市左營區南屏路106號

電話：07-5525057

臉書：https://www.facebook.com/DACO.AWAKENING

營業時間：11:00-20:00，不定期公休（於粉絲專頁公布）

我們願意從原本沉睡的生活中
甦醒並有智慧的行動
-Sat Dharma

黃馨誼　小檔案

出生：一九八五年

學歷：高雄餐旅大學－西餐廚藝系

實習：花蓮遠來飯店實習

證照：西餐廚藝烹調丙級

經歷：義果義大利美食坊店長、蜜熊窯廚藝協理、左創食不二店經理

創業：大口覺醒，二〇一六年創立，客單價三百～四百元

麵皮包入兩種起司再酥炸過，外型好似義大利餃，是香濃好吃的小點心。

閒暇之餘，黃馨誼也喜歡翻書尋求創意。

披薩用的番茄底醬，也是黃馨誼自己調配熬煮。

黃馨誼覺得自己從求學時期時，就經常有些特別的想法與看法，她不追求世俗眼光中大家慣稱的成功，她更想要的，是過著自己喜歡的生活。餐飲路途上，她還到山上的民宿打工過，也就在那時候，遇到五十年來最嚴重的水患「八八水災」，看到眼前的環境在一夜之間，瓦解崩壞。黃馨誼說，在那次的經驗之後，開始想著自己是不是可以多多關懷身邊的大自然，是不是可以爲這個大環境做一些事，餐飲專長的她，首先想到的就是我們每天都會吃下肚的食物。

開始茹素之外，也講求無添加，使用最天然的食材。也就因此，即便之前的工作曾經當到餐廳的店長，她還是願意到迪立印度健康蔬食坊當個打工仔，這是一家印度素食餐廳，因爲主廚料理概念與她相仿，所以她依舊做得很開心。

後來到了蜜熊窯，同樣也是講求蔬食的西式餐廳，主打披薩、義大利麵、歐陸蔬食料理，本就是西餐背景的她，在這當到了廚藝協理。後來又到別的素食餐廳，但黃馨誼始終覺得：「我想要的餐飲藍圖，好像只有我自己可以創作出來，沒有其他企業是眞的有完全符合我的期望，於是我想創業，跟夥伴們齊開了『大口覺醒』。」

這家店在籌備時，堪稱是黃馨誼最不如意的時候，離開上一個工作後，等待著新考驗的階段，總是會讓人不知所措，而要一起創業的夥伴正巧生病，手上也沒有資金。後來因爲長輩願意投資，開店的夢想才終於實現。不過開店路上總會有些意外，像確定要店面時，曾受到社區管理委員會的反對，直到後來發現黃馨誼沒有用明火，管線也很安全，餐廳才得以順利開幕。她說：「店開下去之後，跟你想的很多都會不一樣。」

因爲做的是西式素食，黃馨誼又堅持完全不添加，使用純天然食材，就連一盤義大利麵，不但講求現炒，她還堅持麵條要現煮，也就是客人點完菜後她才開始燙煮麵條，待熟透後才來與炒料拌炒入味，出餐過程比起其他家更耗時費力，於是這裡的顧客風評兩極。有些顧客一吃就喜歡，可以一星期來兩、三次；有些則是嫌太貴，口味也不對他們的胃。但黃馨誼知道自己想走什麼路，會遇到自己的伯樂，於是餐廳就這樣經營了六年，不僅培養不少老主顧，也有很多外縣市朋友，會願意舟車勞頓，只求來此吃一頓飯。

黃馨誼喜歡將各國元素，加入她的西式素食當中，像是椒麻醬油葡萄醋義大利麵這道菜，她就用了醬油、花椒等亞洲料理的元素，她說：「這道麵的發想是四川的酸辣粉，但那個風味對於臺灣人來說太酸也太辣，我更改了一些用料。」像是酸味是來自於義大利陳年葡萄醋，酸韻因此溫和香潤，再加上減麻度的椒麻油，還有醬油等調味，香氣與滋味皆足，因此完全不需要香菇粉這些人工添加物，一旁的酥炸蕈菇，也相當

黃馨誼期望以最天然的食材，做出好吃的西式素食。

噴香夠味。

茹素者有不少人不吃奶、不吃蛋，她就用有機豆漿、檸檬汁等來製作出類似西式的優格醬，成爲了沙拉的佐醬，搭佐著西蘭花、紫洋蔥、鷹嘴豆泥與腰果等，並有著本身就帶有煙燻香氣的西班牙紅椒粉，菜色風味更多層次，「我是做味道的平衡搭配，讓各種食材的風味融合出和諧的滋味。」黃馨誼說。

這裡的披薩的萬千創意，像是「這不是雪中紅披薩」極度有趣，有中式料理才有的元素。底醬一樣使用傳統風味的番茄紅醬，也一樣加有不少量的起司，配料是加了椒麻油炒香過的自然肉，而蔬菜則是選擇雪裡紅，並點綴了切薄片的辣椒片。至於

加了椒麻油、醬油、陳年葡萄酒醋做出的義大利麵，麵香Q可口，炸蕈菇也很夠味。

西蘭花（花椰菜）與鷹嘴豆泥為主題的沙拉，上頭是無奶、無蛋的特製佐醬。

Q軟微酥的麵皮，是以日本麵粉、橄欖油、鹽、水製成麵糰，成分相當單純，再加上外表還灑杜蘭小麥粉，所以有著飽滿的麥香。整個披薩吃起來富有嚼感，鹹鮮味很是特別，卻絲毫不唐突。

黃馨誼說這麼多年來，經營狀態還是不斷修正，像是人力需求，曾經內外場加上黃馨誼是四人，恰巧能負擔。一直到二〇二〇年遇到疫情，五月禁止內用，生意嚴重受創，人力才又減少。她也苦笑說，一直到今年，她還是在學習著怎樣管理一家餐廳，她說：「我真的很熱愛做菜這件事，但創業後，才發現我還需要學習很多，包含財務、人事、行銷等，這些都是管理一家店必需懂得的事。」

大口覺醒的菜單封面文案寫著：「用料理連結起人與自然之間的距離，喚醒滋

這不是雪中紅披薩選用了中式料理慣見的雪裡紅，加上自然肉等，成為鮮香涮嘴的創意披薩。

披薩現點現做現烤，在疫情肆虐的短暫期間，成為外帶人氣商品。

味及溫度。」黃馨誼說，她工作不是單純地想要薪水來過日子，而是更需要工作中所帶來的成就感。東西要好吃有很多種作法，加入現成的人工添加劑是最快速的，馬上就能帶出鮮味與美味，但當我們吃完後，身體自然會慢慢告訴您，那些添加物是不該吃下肚的，也可能是有害健康的。

人願意去工作，終究是爲了要有收入來好好過生活，因此在能賺得到錢之下，許多堅持不能服軟，是她開餐廳、做餐飲的準則。也就是說，雖然餐飲路上，曾經有過很好聽、很霸氣的頭銜，但黃馨誼依舊追逐著她的夢想，她知道她的第一順位，是不能屈服去做不喜歡、不想要的料理，也希望把這些完好的理念，傳達給每位如朋友一般的顧客。

廚房沒有使用明火，美味度依舊不減。

這意謂著
我們願意從原本沉睡的生活中
甦醒並有智慧的行動
-Sat.Dharma

給學弟妹的建議

在餐飲一途始終清楚明白自己所求，馨誼給大家的建議是：「做自己想要的志業，不要做人家眼中覺得成功的。」

小宴事烘焙工作室

紮根鄰里的甜點屋

葉奕彤、謝旻諺

葉奕彤（左）與謝旻諺（右）兩位曾是同學，一起開設了烘焙工作室

引言

在學生時代，葉奕彤與謝旻諺同樣就讀飲食文化暨餐飲創新研究所，當時就喜歡在合租的宿舍裡下廚與料理烘焙，經常宴請親朋好友，為了延續當年的情景，他們倆合開了小宴事烘焙工作室，讓這裡成為凝聚好友們感情的招待所，也是與鄰里居民交流資訊的好所在，更是推廣烘焙理念的資訊平臺。

INDEX

小宴事烘焙工作室

地址：高雄市苓雅區中正一路121巷6弄10號

電話：07-726-2991

網站：https://xiaoyens.business.site/

營業時間：週四、五17:30~21:30、
週六13:30~21:30

兩人的分配是謝旻諺（左）則負責行銷、管理等，而葉奕彤（右）則專注生產甜點。

小宴事就位在社區的小巷內，外觀如民宅般低調。

葉奕彤　小檔案

出生：一九九二年
學歷：國立高雄餐旅大學烘焙系畢業，國立高雄餐旅大學飲食文化暨餐飲創新研究所畢業
實習：漢來美食海港自助餐廳本館店點心房
證照：烘焙乙級、中餐丙級、調酒丙級、中式點心丙級
經歷：漢來美食海港自助式餐廳巨蛋店點心房
創業：小宴事烘焙工作室，二〇一八，客單價二五〇～三五〇元

謝旻諺　小檔案

出生：一九八一年
學歷：臺灣海洋大學食品科學所 加工組畢業，國立高雄餐旅大學飲食文化暨餐飲創新研究所畢業
證照：財團法人中華穀類食品工業技術研究所烘焙組綜合研究班第六十二期結業證書、臺大進修推廣部咖啡官能專業鑑定人員培訓班、中餐丙級
經歷：包曼咖啡館內場廚師、1516Bistro 歐風小酒館二廚、胖子小吃部內場、Diner5 義式輕食店長、無米藏內場、夏日咖啡負責人、小磨坊食品研發人員。
創業：小宴事烘焙工作室，二〇一八，客單價二五〇～三五〇元

歷經百轉千折，才找到「小宴事」這家店，它沒有在大馬路旁，甚至還是在一個住宅區中蜿蜒且隱密的小巷旁，再加上小招牌實在低調，初次造訪的人，可能會尋覓一番。

一進門就可見到冷藏櫃擺放當日精選甜點，這裡採光極佳，因為有整片落地窗面向著小巷。座位則分有和式座位區，供一群好友可圍著矮桌聊天；也有面著窗的一整排座位，方便小倆口或好夥伴們低語交談。一旁的整片書籍整齊收納於

千層蛋糕是許多人來此必點的招牌。

甜點強調實在用料，有了內用空間後也多了很多個人份甜點。

當初聚集親朋好友的那張餐桌，也幻化成了店裡的這張小木桌，期望好友們常來相聚。

書櫃，並有許多可愛小物、療癒植栽點綴，整個空間溫馨如家，小宴事由畢業於飲食文化暨餐飲創新研究所的兩位好同學共同創設，其中謝旻諺告訴我：「我以前跟葉奕彤合租在一層公寓裡，就是那種好幾個房間外加有客廳、廚房的那種，當時我們經常請好友們來家裡吃飯，就是由我們兩個燒菜、做點心，那時的飯桌聚集著所有人的歡樂，而如今，我會覺得這裡就是將當初的情景重現，可以讓大家再共聚於此。你知道，有時候事情全部忙完之後，我們兩個甚至還會直接躺在這個和式地板上看漫畫。」看來他們倆簡直把這個工作場合當成了自己家，當我露出欣羨表情時，葉奕彤說：「不過這裡其實眞的是住家，現在餐廳這個空間之前是個停車的車庫。」

以自宅打造　每週對外營業三天

原來小宴事會開在如此隱密的巷弄中，單純因爲這是謝旻諺的房子，他與葉奕彤歷經多年職場經歷後，二〇一八年才決定一起創業，選在自宅前方開起烘焙工作室。葉奕彤還在求學時，就經常打工，所以有了不少底子，包含人脈，她善用手上的電話，找到原料、器具的廠商，與她總是稱呼爲「學長」的同學謝旻諺，一起創了小宴事。原本的作業，都只是做外帶又或者以預訂的訂單爲主，產品以餅乾、整模的蛋糕爲大宗，一直到今年（二〇二二年）四月才整闢出這個能內用、可以好好坐下來的舒適場所，但即便如此，每週也只對外營業三天。

也就因爲有了內用環境，可以生產出顧客可單人獨享的甜點供應，像是千層蛋糕，有著二十四層的豐富層次，層層蛋皮內的內餡會以鮮奶油加上奶油乳酪混合，因此風味不膩口，加上現場內用時還可佐配莓果醬，更酸香清爽。還有焦糖布丁，葉奕彤說：「我們用成本比較貴的新鮮紅殼蛋來製作，蛋香較濃郁且不會有蛋腥味。」布丁口感細膩，加上焦糖香，有著天然不造作的美好滋味。新菜單中還有一款名為「水果獨享」的甜點，以當季新鮮芒果，加上卡士達醬、蜂蜜海綿蛋糕、日本十勝鮮奶油等組合成，風味酸甜宜人。

強調使用更香醇的紅殼雞蛋製作的焦糖布丁，香濃細膩。

一整片的書櫃，讓這裡顯得更溫馨有家的感覺。

「水果獨享」使用當季的芒果來製作，組合多種元素，看起來雅致漂亮。

長崎蛋糕的底層會有雙目糖顆粒，因為可常溫保存，送禮方便。

店裡的甜點幾乎都由葉奕彤一人操刀。

口碑宣傳　多年後漸有名氣

葉奕彤實習時，是在漢來美食旗下的海港自助餐廳本館店裡的點心製作，大學畢業後，他又攻讀碩士，接著回海港自助餐廳巨蛋店服務，一待就是三年多，也在這些時光中，更加把烘焙的功力練足，因此小宴事的甜點都由她主掌操刀。至於謝旻諺，則是曾服務於咖啡館、西餐廳等多家餐廳，他較擅長鹹食大菜，在小宴事較屬於行銷、外場與管理的角色。兩人同時是老闆也是員工，所以剛創業時的通路平臺，就是憑藉著臉書，但有趣的是，他們也幾乎都沒有在臉書下廣告，追根究柢最大功勞可能還是親朋好友間的口碑宣傳，謝旻諺說：「有時候感覺某一天幾乎業績要掛蛋了，但突然就會有陌生客光臨。每次灰心的情緒一上來後，就又會有些令人驚喜的生意上門。也就是這些狀況，才讓我們慢慢走到現在這個階段。」從小訂單製作、零星散客來外帶，到逐漸有名氣，尤其去年中秋節時，月餅還可以創造出將近一千五百顆的好業績，但這數字應該是可以再更高的，歸因於產品製作僅有葉奕彤一人獨力完成，因此這數字是她當時能生產的最大值。

謝旻諺說：「期望小宴事有了內用規劃後，這個場所可以成爲別人的第三個空間，它是個讓人信得過、安心的場所，願意跟我們拉近距離的場所，也可以跟客人直接面對面對話。身邊也聚集了更多良善眞誠的朋友，我們店牆上的掛旗、桌上的植物、蛋糕櫃上的扭蛋，都是來自朋友的心意，傾注了來自四面八方的愛。」但看著葉奕彤以個人手工慢慢辛勤製作產品，謝旻諺也以自己食品科學碩士的背景來期望並規畫著，或者之後可增加更多機器設備，又或者有更多與其他商家合作的可能，讓小宴事的產品，可能有更大量的生產，也讓更多人認識小宴事。

給學弟妹的建議

葉奕彤說：「希望大家在追夢的道路上，都能保有追夢的勇氣、不怕辛苦的毅力、澆不熄的熱情。」

謝旻諺的建議則是：「人永遠無法預測當下所學的東西，在學校學習的時光請大家好好把握、好好享受。」

元YUAN餐廳

蕭淳元

早上當農夫　下午當廚師　致力摩登臺菜的料理人

蕭淳元近年致力復興老臺菜，演繹摩登風味。

引言

連獲二〇二〇、二〇二一年米其林餐盤推薦的元YUAN餐廳，向來以西餐手法賦予臺菜新面貌，透過菜餚呈現臺灣風土。老闆蕭淳元找來擅長老臺菜的謝頤霖，更是聯手將餐廳朝著摩登臺菜前進，以當季、當地盛產的食蔬，激盪出親切、精緻又讓人驚喜連連的滋味。

INDEX

元 YUAN

地址：臺中市南屯區大墩十七街35號

電話：0966-667-067

郵箱：yuanrestaurant.weebly.com

蕭淳元　小檔案

學歷：高雄餐旅大學中餐廚藝系畢業

經歷：日本 BVLGARI Il Ristorante Tokyo 寶格麗／米其林
日本小笠原伯爵官邸
Hero Restaurant
L'atelier de Joel Robuchon 侯布匈 Taipei
臺北喜來登飯店 安東尼廳
野臺繫發起人

事蹟：二〇二〇年米其林餐盤推薦
二〇二一年米其林餐盤推薦

眞的是返璞歸眞！二〇一九年開設元 YUAN 餐廳時，蕭淳元就以回歸在地風土爲目標，當時中式餐飲掀起復古浪潮，辦桌菜、酒家菜成了顯學，他將餐廳定位爲亞洲融合風，以西式料理方式呈現，童年的美好、成長過程中這片土地給的滋養，都讓他的菜餚擷取更多臺灣小吃元素。

在 Fine dining 餐廳菜單裡居然放入黑白切，但那是運用西餐手法，以科學化數據將梅花肉眞空低溫 70℃煮十二個小時而成，確保每回口感一致，甚至溏心蛋也以眞空袋方式泡製。

這還不夠，菜單裡不乏蚵仔煎、牛肉麵，甚至把家鄉南投小吃意麵也端上桌，搭配黑白切、湯、甜點組成套餐，原本幾十元的小吃價格直接多個零，變成三百多元的套餐，不但大獲好評一席難訂，更是成立大眾化新品牌，直接取名為阿元意麵。

其實這些年來，蕭淳元早已想要跳脫臺魂法菜的架構，打算更專注在老臺菜上，但工序實在太繁複，直到二〇二一年找來謝頔霖主廚加入團隊，這下返璞歸眞更加徹底了，直接宣告改走摩登臺菜風格。

「以前年輕時的風格是將菜餚解構、重組，現在算是返璞歸眞重現老菜風華，但融入西式科學烹調手法來演繹臺灣古早風味，縮小成個人分量且更精緻，但臺菜該有的元素一定會有。」蕭淳元說。

一道青蓮碧玉湯名稱聽起來很風雅，「概念來自小時候媽媽做的大黃瓜鑲肉，夏季盛產的大黃瓜刨成

臺灣經典牛排2.0搭配改良黑胡椒醬，奶香帶點辣。

吧檯座位讓客人對烹調過程一目瞭然。

蕭淳元兒子也會跟著爸爸一起當農夫。

餐廳使用的香草、食用花、生菜皆是阿元自己栽種。

薄片，層層交疊後細切再捲起，中間鑲入火燒蝦、花枝漿和板油丁調製的餡料。」蕭淳元說，蒸熟後攤開便宛如一朵青蓮花，再綴上干貝鬆象徵花蕊，而那朵青蓮花就飄在滴雞精高湯上。

「這麼多年來，我喜歡吃小吃、也喜歡臺菜，所以更想重現傳統味道。」他說。臺菜精緻化不是變小、變成個人份而已，家常的大黃瓜鑲肉要變精緻，光是刨多薄、切多深就是功夫，更別說講究的餡料、費工燉煮的湯頭。

庶民生活也融入菜餚裡，讓人不禁發出會心一笑。臺灣經典牛排2.0就有著酒夜市的趣味感，搭配的醬汁入口有著鐵板牛排黑胡椒醬的影子，

蕭淳元（左）找來謝頤霖（右），將摩登臺菜發揮得淋漓盡致。

青蓮碧玉湯是高級精緻版的大黃瓜鑲肉。

芒果鮮蝦卷表面薄脆，Q彈鮮蝦結合酸甜芒果很對味。

花園沙拉會淋上自家栽種香草油、鹽花、胡椒、巴薩米可醋等。

卻又溢出帶點辣味的奶香，而表面包覆的酥皮與蘑菇卻又讓人聯想到經典的威靈頓牛排。

餐廳牆上掛著「走著瞧」一幅字，這是蕭淳元期許自己「要做到令人刮目相看」，沒有一份堅毅的心很難辦到，這也能從他每日作息窺見。

一早巡菜圃，跟作物、產地對話，十年來，蕭淳元早上起床便在南投自家整理食用花圃、菜園，中午過後到餐廳展開前置備料工作。早上當農夫、下午當廚師的日子，十年來始終如一。

他對料理的熱情從未減少，喜歡栽種也沒變過。蕭淳元最富盛名的花園沙拉，裡頭的食用花、香

阿元意麵已正式成立新品牌。

綠竹筍搭配飛魚卵海膽醬，清甜爽口。

草、蔬菜至少近三十種，冬季、春季甚至高達四十多種，依季節結合無花果、白蘆筍、綠竹筍等，並依時令調製柑橘調性泡泡、油醋等醬汁，還會淋上自加香草煉製的香草油，讓沙拉吃來匯聚酸、甜、苦、辣、鹹等滋味。

蕭淳元還是點燃在地風土盛宴火花的發起人，二〇一七年至二〇一九年接連舉辦三場大型餐會，串連各界職人，透過飲食認識臺灣人情物意、時令節氣，讓產地發光，成爲美食圈盛事。靠著熱情、熱血推廣，每年都有二十多個團隊參與，投入的工作人員甚至從六十人增加到近百人。

創業以來，遭遇最大的危機就是二〇二一年疫情、停水、停電一起大爆發，「當老闆遇到問題就要面對它、解決它，不是把餐做好就可以，危機處理才是最主要的。」靠著開發粽子、意麵、水餃、咖哩、抄手等冷凍即食包，總算撐過最艱困的關卡。

「冷凍調理包必須思考如何讓客人容易操作，熟度如何控制，買回家的覆熱時間都要計算進去。做菜對專業廚師不難，如何行銷、販售才是難題。」蕭淳元分析，當時透過自己經營的網站、社群媒體與客人口碑行銷，每天還要想梗PO文曝光，「現在冷凍包已成爲另一個事業體，隨時做好準備，多角化經營。」

西餐講求科學跟數據，傳統中菜靠技術和經驗值，但蕭淳元認爲中菜也應該融合科學，「書籍不用死記，而是像字典一樣，遇到不懂的字就去查。學生時代，老師要我們練《傳培梅全集》，非常受用。」蕭淳元最近研究起《臺灣料理之琹》，這是一九一二年臺灣總督府通譯林久三寫的日文食譜，收錄當時臺灣宴席菜。

「早期的書是很好的參考，跟老師傳交流也很重要，尤其是我們做臺菜的體悟很深刻，現在喊著臺菜復興，但回歸根本，必須要了解傳統工法、技術跟精髓。」蕭淳元說。

餐廳一隅

給學弟妹的建議

我以前出社會工作都是兩頭班，會趁著空檔時間或提早到學習其他東西，爲什麼我會比較強？是因爲花的時間比較多，並非比較聰明，願意精進自己的技術，只有反覆不斷練習才能強大。老話一句，就是付出多少才有多少收穫。不恥下問、反覆練習，練習一定會有失敗，失敗就找出原因，不要只看網路查資料，多買幾本工具書，會很有幫助。

今年貴㶣

小吃大願景　從路邊攤到六家分店的勵志故事

鞠漢柏

一小碗麵線　，裝盛著鞠漢柏的許多心血。

引言

想創業，賣個平民小吃是許多年輕人首選之路，畢竟成本與風險較低。身爲左營眷村子弟，鞠漢柏總回憶起當初，小時候外婆家往往煮一大鍋晶瑩透亮的麵線㶣那樣的印象，於是在二〇一一年，以路邊攤的形式，創立了店名逗趣的「今年貴㶣」此品牌，至今日已十一歲的餐飲品牌，不但成爲許多人到左營總記得要一嘗的美味，更是已從路邊小攤車變成店面，如今還在高雄各區總共有六家分店的餐飲品牌。

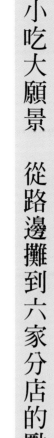

INDEX

今年貴㶣

地址：高雄市左營區左營大路63號（總店）

電話：07-585-3005

網站：https://www.facebook.com/hoayzd

營業時間：05:55~20:30，無公休日

鞠漢柏　小檔案

出生：一九八六年
學歷：三民家商餐飲科，國立高雄餐旅學院（大學）中餐廚藝系畢業
實習：宜蘭渡小月餐廳
證照：中餐丙級、西餐丙級
經歷：宜蘭渡小月餐廳、修心齋素食館
創業：今年貴焿小吃店，二〇一一年。客單價一百元

看著身高一百八十八公分的鞠漢柏迎面走來，多數人會認爲他應該會是練籃球等體育的好手，當初，因爲父母皆是軍警業，也曾期望他可以往公職單位發展。但從高中時期研讀餐飲科系開始，他就知道自己想要的夢想，即是餐飲業。跟很多創業者的經歷一樣，他也曾跟家裡鬧過革命。

中餐廚藝系畢業後，鞠漢柏有幸到宜蘭著名的老臺菜餐廳「度小月」實習，因爲求學階段經常參加比賽，所以他也有些西餐的概念與技藝，也曾在別家餐廳服務過，發現到經營一家餐廳，要考量的成本不低，光光人事成本就須佔極大部分，不單論賺錢，就連維持基本運轉，都有種種困難。也許是有種過盡千帆之感慨，他經各方考量過後，選擇了從路邊的小攤位出發，花了幾萬塊買下攤車，賣起臺灣人喜歡吃的麵線焿，他說：「賣小吃比起開餐廳的成本沒那麼高，且籌劃相對簡單，前置作業可以先在家裡全部做好，像是把麵線一鍋鍋先煮好，再到現場搭配簡單的冷凍保鮮設備，並且有兩個爐子加熱，從頭到尾，這個攤位就我自己一個人，可以完全掌控。」

說服家人　以實力證明

但是大部分的父母們總是希望小孩子工作能穩定並有每個月固定發放的薪水，鞠漢柏說：「幾番爭執之後，我跟爸媽說，只要每個月我可以做到有五萬元的利潤，等於能支持我自己生活開銷，如果有做到，就希望他們能夠支持我。」幸好後來果眞沒有讓父母失望，麵線因爲料好實在、口味獨特，受到歡迎，生意最好的時候，還

麵線裡總加入滿滿的好料。

可加入麵線焿的配料，包含鮮蚵、大腸、魚焿、肉焿。

可以一天賣了八大鍋。每碗麵線，上頭有著滿滿好料，點一碗綜合口味，包含蚵仔、大腸、魚漿、肉漿，再加上香菜、蒜泥與自製的辣椒醬。外帶因爲還要加上蓋子，否則鞠漢柏堅持每一碗都要斟滿滿彷若要爆出，這是他想給每位顧客的誠意。其實除了「爆料」，每款選料也都看得出他的用心，首先是選用手工紅麵線，即便比起機器製作的要貴個三分之一，但是這樣的麵線才會耐煮，經由長時間烹煮之後依舊保有口感，不至於軟爛。湯頭則以柴魚湯頭爲底，加上油蔥酥添香，鞠漢柏說：「除此之外，燙煮蚵仔、魚漿、肉漿的湯也要保留並加入高湯中，這些都是增加鮮味與滋味的來源。」再來是鮮蚵，多年來都是使用嘉義東石產的，完美主義的鞠漢柏去年又再次換了廠商，他說：「高雄新達港就有很好的廠商，他們選擇內海海水養殖，品質好穩定度高，雖然名氣不如嘉義東石，但是供給量沒有那麼大，於是可以將蚵仔養足到兩年週期，每顆蚵仔都夠肥美。」至於大腸，則是進貨之後還要仔細清洗再煮沸，徹底去除大腸異味才能拿來滷製入味。另外，值得一提的是，當初創業時，麵線焿的口味也請益過高雄餐旅大學中餐系的陳嘉謨老師，辣椒醬則是請教陳正忠老師，這

今年貴焿的點餐櫃檯

是鞠漢柏一直覺得感謝之處。

從攤車變店面　從單點擴分店

從路邊的攤車再轉到店面，鞠漢柏又再經歷一次家庭革命，父母反對之下，他依舊花了四十萬裝潢，開設了相較之下更舒服的街邊店，他秉持著自己的夢想與目標。直到現在已擁有六家分店的餐飲品牌，包含三家直營與三家加盟店。爲了顧全分店的品質，也經過一番歷練，第二家店在創業三年後才開設，員工的因素最大，像是早、晚班素質不同，而第二家店時，廚房與外場分開，於是當前場忙的時候，廚房人員無法支援，也因此會額外增加每個月六、七萬成本。爲了每一碗麵線焿能品質穩定，他也建立了SOP，讓每個人都可以照著執行，像是每份麵線焿裡的配料都有固定的分量，他說：「所以我們每一份夥伴們都要培養手感，每次給顧客的蚵仔、大腸等這些料的分量才能控制好。」鞠漢柏也創立分紅制度，期望夥伴們更有向心力，店長甚至可以分到當月紅利獎金的35%。

客人絡繹不絕，現場服務人員盛裝速度也快。

而這兩年全世界在疫情籠罩之下，餐廳受到的影響甚鉅，乍看「今年貴㶶」的幾家分店，因爲原本就有著可以外帶的優勢，在疫情之下業績沒有直接的衝擊，但是去年（二〇二一年）卻也因爲「確診足跡」而受到間接影響，鞠漢柏說：「重愛店有顧客確診，因此足跡公布後，那個月業績下滑一半，所以我後來才想到可以辦個活動。首先是告知所有顧客，我們所有夥伴都已採檢爲陰性，請顧客放心，再來是所有飲料做買一送一的優惠，且不限數量，當時甚至還有人來外帶最高到三十杯，雖然看到夥伴們一直做飲料，很辛苦，但看到當下業績數字慢慢上升，很是安慰。畢竟在疫情之下，下一步究竟是如何，我們很難預測得到。」

鞠漢柏曾經在宜蘭的度小月實習過，在名師陳兆麟帶領之下，肯定也知曉不少葛瑪蘭老味臺菜的精髓，加上在中餐系多年來的好基礎，我問他，有沒有想再創一個以老臺菜爲元素的品牌？他回答：

「可能會像現在這樣的店一樣，以外帶式料理爲主，我就覺得宜蘭的卜肉，就是很特別的臺灣小吃。」也許再過不久，我們就可以吃到鞠漢柏的新品牌，說不定就是現炸卜肉加上西魯肉等宜蘭美食，將重現在高雄，令人引頸期盼。

給學弟妹的建議

鞠漢柏說：「創業的每個時期都是在進步的同時，也同樣會承擔著不同的風險，但是終究會克服、走過來的。」再簡單的事，只要用心做，最後就會是贏家！

艾斯可菲祕境私廚

只當先鋒的花蓮食材代言人

林仁中

餐廳雖位於壽豐鄉偏僻處，卻頗有祕境之感。

引言

艾斯可菲在花蓮開了十七年，從早期的義大利麵、燉飯到現在的無菜單料理，店址也從花蓮市區遷到遠離鬧區的壽豐鄉，不變的是主廚林仁中依舊保持創新精神，致力運用花蓮在地食材，希望客人透過味蕾感受上天與大地賜給花蓮的美好。

INDEX

艾斯可菲祕境私廚

地址：花蓮縣壽豐鄉橋下105號

電話：0955-567-736

需2天前預訂，12歲以上每人1500元，需準時抵達

餐廳氣氛舒適，每個餐期最多只接待十多位客人。

林仁中　小檔案

學歷：高雄餐旅管理專科學校西餐廚藝科

經歷：臺北君悅酒店廚師

花蓮遠雄悅來大飯店副主廚

花蓮縣專業職能培訓人員職業工會培訓教師

當烤好的歐式麵包連著鐵鍋從烤爐端出，林仁中不疾不徐淋上白蘭地，打火機一點，紅色火焰頓時熊熊燃起，空氣中瀰漫濃濃酒香，火焰熄滅，利刃一劃，麵包裡頭竟是牛排、菌菇，酒香才稍歇，肉鮮菇香又隨即而來。過程中，那緩緩流淌的輕柔音樂早已被客人此起彼落的驚呼聲掩沒。

接著卻是全場寂靜無語，原來啊，所有人都專心低頭品嚐，吃罷，笑聲又漸漸大了起來。視覺、嗅覺與味覺的滿足，在這一道菜展露無疑。

儘管艾斯可菲祕境私廚是無菜單料理，整套吃下來約莫七、八道菜，卻有幾道是怎麼也換不掉的菜色，想更動還會被客人抗議。白蘭地麵包牛排便如此，靈感取自威靈頓牛排，酥皮改成歐式麵包麵團，有時還會添加小米、紅藜麥，裡頭搭配翼板牛肉或是梅花豬，再淋白蘭地炙燒，早已成了招牌菜色。

主廚林仁中其實是基隆人，在花蓮落地生根已二十年。二十八歲那年帶著老婆、小孩到遠來飯店（今遠雄悅來大飯店）擔任副主廚三年，「剛到花蓮很不習慣，以前在臺北工作，晚上九點夜生活才要開始，花蓮晚上八點多就很安靜了，也因忙著工作，幾年後第一次搭飛機回臺北，原本很興奮，一出松山機場卻發現車子怎麼這麼多，而且都很匆忙，我忽然驚覺自己回不去了。」林仁中回憶道。

返回花蓮後便與老婆商量決定自己創業，還找親戚幫忙貸款，催生出艾斯可菲。現實並不像童話中美好，他苦笑，「二〇〇五年開幕那一天遭逢海棠颱風來襲，一個客人都沒有。」一開始以義大利麵為主，但

淋上白蘭地炙燒讓麵包牛排色香味俱全。

尊重食材，賦予食材更多變化是林仁中的堅持。

白蘭地麵包裡頭可以是豬排或牛排。

鹹豬肉冰淇淋充滿食趣，蔥燒鮑魚質地軟嫩帶Q。

大蝦裹上馬鈴薯細絲油炸，酥香可口。

海大蝦以馬鈴薯細絲捲起，手工相當繁複。

林仁中不想拘泥傳統，於是研發了剝皮辣椒義大利麵、樹豆燉飯等，海鮮黃金磚更成爲招牌菜色。

只當先鋒，不當跟隨者。林仁中豪氣說：「當時花蓮的西式料理不多，我的店算是開啟花蓮的義大利麵戰國時期，很多人效法。但餐飲的水很深，若只看到表面，會忽略底下的功夫。當時花蓮義大利麵的附餐甜點幾乎都是奶酪、茶凍、咖啡凍或起司蛋糕，我認爲要有獨創性，是第一家供應自製焦糖布丁的店家。」初期還被客人罵，後來反倒有人專程爲了飯後甜點來用餐。

即便菜單以義大利麵、燉飯爲主，但無菜單料理的概念卻早已成形。「當初學生族群很多，一來就是十幾廿個，實在應付不來，於是就建議客人不要點菜，給個預算，主菜是烤牛肉，每個人都可分到厚厚一大片，其他菜色由我來配，口耳相傳就打開了知名度。」

熔岩巧克力蛋糕灑上糙米麩，香甜不膩。

艾斯可菲開創了許多「第一次」，比如黃金磚、經營型態，也出現不少跟隨者。他說：「我著重的是創作，而不是跟隨、模仿，別人開的餐廳環境或許比我好、食材更澎湃，但我的內在精神卻無法被取代。」

開了十多年，二〇二一年艾斯可菲再度遷址，搬到前不著村、後不著店的壽豐鄉邊陲，也徹底轉型爲無菜單料理，儘管位處偏僻，客人依舊慕名而來。壽豐鄉是無毒農業重鎮，西臨中央山脈，東邊是海岸山脈，北邊是木瓜溪，與花蓮溪會合處的大沙洲是壽豐大西瓜產地，附近更有溪畔、奇萊美地、光合作用等農場與立川漁場，還有小農飼養放牧雞、火雞、黃牛。林仁中將自己定位爲花蓮食材代言人，縣府農業處也找上門委託出版在地食材食譜書。

諸如通常用於煮湯的金針花，林仁中則是做成醬汁搭配梅花豬，木鱉果做沙拉醬、馬告取代黑胡椒，更妙的是還能嚐到了鹹豬肉冰淇淋。自行以鹽、米酒醃漬的鹹豬肉（silaw）是傳統阿美族醃法，風味有幾分類似伊比利火腿，他將鹹豬肉煮軟後打成泥，加鮮奶油、瑞穗文旦柚醬製成冰淇淋，表面撒上煎得焦脆的鹹豬肉片。吃起來冰涼順口，滋味鹹甘，入喉後還散發些許威士忌酒香，這是讓人味蕾爲之清新的冷前菜，配上溏心般柔嫩的蔥燒蠔油鮑魚，簡直太對味了。

炸蝦沙拉也讓人驚喜，在地有機馬鈴薯刨成細絲，層層包捲海大蝦再油炸，結合周遭農場的生菜，以及在地鳳梨加黑糙米醋等調成的莎莎醬，吃來酥香彈脆。「這道是高餐西餐廚藝系教授陳寬定（Eddie）老師的創作，已有三十三年歷史，我們過去是凱悅（今臺北君悅酒店）的同事。」因費工、耗材，一隻蝦約使用三分之二顆馬鈴薯，光包三十隻就得花上兩小時。

林仁中不斷推陳出新的手藝，讓餐廳好評不斷，現在談起來好像都很美好，但其實一路走來就是「堅持」兩個字。他說：「從臺北來花蓮時，夫妻倆身無分文，創業時小孩才三歲，經濟很拮据，暫時住在老婆娘家，

入門處掛滿了林仁中與子女的各種獎狀。

身上廚師服繡著花蓮縣徽是對林仁中運用在地食材的肯定。

甚至窮到小孩子學費都繳不起，還是倒零錢一塊一塊湊齊的，後來甚至負債兩百萬。」

「很多人只想著很快看到錢進來，其實開店是一種投資，無論如何就是要堅持，想辦法撐下去，有些餐廳沒生意就視降價爲手段，這是錯的。」林仁中感嘆，「要充實自己，創造自己的價值。做生意不要用成本決定售價，而是用價值去決定，所謂價值就是有沒有用心。」

穩扎穩打或許賺不了大錢，卻能穩定成長。

永遠走在前端，引領新風潮，艾斯可菲各階段的經營模式都有餐廳效法。林仁中的座右銘是「立於傳統，勇於創新」，沒有傳統就沒有創新，隨便創新就是亂搞。最讓我動容的則是他對食材的態度，「我對每一樣食物都很用心，尊重不僅是對師長、前輩，還要尊重食材，它們犧牲生命來餵養我們。」

誠如店名向偉大廚師 Auguste Escoffier 致敬，林仁中謙虛的說：「我們僅可做到的就是盡最大的努力，將最美味餐點呈現於你的面前。」

開放式廚房旁的鍋具就是最美的風景。

林仁中對食物充滿了尊重與感恩的心。

給學弟妹的建議

進入高餐就讀會有拜師大典，其實代表了「尊重、學習、傳承」，我覺得有心讀就要好好學習，不要只爲了學歷文憑。餐旅行業門檻很低，但學問很深很廣，學校學習只是準備，投入業界後會發現還有很多不足，社會就是這麼現實，不行就會被浪潮打下來。畢業出了社會，還是要保持學習的心態、尊重前輩，好好吸收成自己的經驗、資產，再怎麼辛苦也要堅持下去，有一定的資歷，人家才會看重你，才有辦法去傳承。

走進餐飲深水區，年輕人就應該要有面對挫折的勇氣。如何保持熱情？現在很多人會建議培養第二專長，但有時候，背水一戰或許才能眞正激發潛力，沒有退路，你的熱情就會噴發出來。

洋玩藝

無懈可擊的客情經營

杜忠銘、莊詩唯

洋玩藝主要以西式料理為主，強調好吃。

引言

十年前，從北部知名餐廳、飯店離開後，回鄉開業的杜忠銘和莊詩唯，雖然手藝精湛，但創業店鋪開在臺南安南區五年卻鎩羽而歸，最終轉戰臺南西門區重新開業，抓準臺南人可以接受的價格策略、美味口味和充足分量，並以無懈可擊的人情味經營，讓洋玩藝轉虧爲盈。

INDEX

洋玩藝

地址：臺南市北區西門路四段284號

電話：(06)252-6032

營業時間：11:30~14:30　17:30~21:00　週一休

杜忠銘（左）和莊詩唯（右）一人主外、一人主內，把客人的胃和心抓得牢牢的。

杜忠銘　小檔案

出生：一九八三年三月三十一日
學歷：高雄餐旅學院西餐廚藝系
實習：臺北凱悅大飯店
證照：西餐丙級、烘焙丙級、食品分析檢驗丙級
經歷：La Petite Cuisine
創業：洋玩藝西式料理餐廳

莊詩唯　小檔案

出生：一九八三年六月二十九日
學歷：高雄餐旅學院西餐廚藝系
實習：臺北香格里拉遠東大飯店
證照：中餐乙級
創業：洋玩藝西式料理餐廳

下午空班的時間，開店十年的洋玩藝還是有不少客人來串門子，有人抱著小孩拿著家裡的蔬果往櫃檯一塞，有人是來送漢餅兼找老闆娘一起團購書籍，好不熱鬧。「平常，下午只要我們沒有外出，我們熟客常常

洋玩藝的外觀頗有味道。

空間簡單，可隨著活動主題變化風格。

酥炸海鮮盤隨著季節更換海鮮，以各種烹調方式處理海鮮，滿滿的鮮味。

會送一些東西來。」臉上白淨始終笑咪咪的老闆娘莊詩唯說。

洋玩藝是由同爲高雄餐旅學院西餐廚藝系畢業的杜忠銘和莊詩唯所開設，杜忠銘曾經於新加坡御廚郭文秀在臺開設的餐飲品牌工作近十年，並曾被送往法國習藝，而莊詩唯則是曾在飯店歷練，「我們原本就是同學，可是直到他回臺南開業，我在臺北自己開店，兩人爲了互通開店相關資訊，所以才又熟稔。」莊詩唯說，後來兩人相戀、結婚，莊詩唯才跟著杜忠銘回臺南。

開店選點　停車場首要考量

「餐飲人的夢想就是開店，回臺南開業就是爲了圓夢。」莊詩唯說。杜忠銘和莊詩唯在安南區自家一樓開店，當時在地懂吃的食客不多，且距離市區也太遠，所以客人不穩定，業績經常不上不下，僅維持持平。但最後一年，因爲停車場被地主收回，業績更是一落千丈，莊詩唯和杜忠銘才發現，原來開一家店最重要的是停車場。

洋玩藝雖然在手藝上備受客人盛讚，也擁有不少具有忠誠度的熟客，但自從沒有停車場之後，餐廳幾乎每月虧錢十萬元。莊詩唯感慨的說：「開店很簡單，最難的是在賠錢中如何收起來。」

莊詩唯心有不甘，她常勸杜忠銘換地點重開爐灶，如果繼續維持現狀，不僅業績會越來越糟，還會磨掉他做菜的鬥志，「我們的手藝沒有問題，又有一批忠誠的熟客，只要讓客人縮短來店的頻率，我們就可以活下去，就看我們要不要賭上一把。」那時莊詩唯常和杜忠銘信心喊話。

最後，杜忠銘和莊詩唯確定覓點重起爐灶，地點曾鎖定當時繁榮的民生圓環和西門區現址二地，最終，因爲停車位考量，洋玩藝確定落腳西門路。重新開業後，洋玩藝業績三級跳，「其實，我們開店沒有很大的企圖心，只希望能夠平淡就好，碰到生意不好就找出路如此而已。」莊詩唯說。

八成是熟客　服務首重人情味

如今開業十年，趁著餐廳休息空檔，莊詩唯和杜忠銘也親身到一些西式老店試吃走訪，發現大多數的店舖多是夫妻共同經營，男主內、女主外，都很強調所謂的人情味，「這也是很多服務很制式的連鎖餐廳品

將墨魚囊加入麵糊中做成的下酒菜，濃濃海味。

蝦油昆布義大利麵是以大量蝦頭熬製煉油，蝦仁新鮮，簡單卻美味。

店內隨著季節不同，使用當季食材推出不同的外帶商品。

牌，在臺南做不起來的很大原因。」莊詩唯說，洋玩藝從安南區開始，就是以熟客爲主，累積至今八成都是老客人，二成的新客人還是老客人帶來的，這些熟客來吃飯，餐廳老闆就是得在店裡，餐廳老闆不在店裡他就不開心。

「其實，在我們安南區最困難的時候，那些老客人怕我們倒，常常來吃飯支持我們，等到我們搬家，生意好到訂不到位，還是不厭其煩地等，所以我們非常珍惜這些支持我們的老客人。」也因爲如此，他們對於客人的要求，小至口味調整，大到即席以現有食材創作新料理，或者客製化設計等等都盡量滿足，時至今日，洋玩藝能在在地消費者心中和臺南其他西式老店並列，是莊詩唯和杜忠銘心中莫大的成就感。

杜忠銘西餐的經驗豐富，調味精準。

大口吃肉喝酒　小吃商務聚餐皆可

洋玩藝的餐點設計以季節食材出發，以法餐爲底，融合現代料理多元元素和技法，餐點結構不複雜，偏向小酒館型態，用餐氛圍輕鬆不拘謹，「我本來就喜歡大口喝酒大口吃肉，所以做的都是我喜歡的菜色。」杜忠銘說，且菜單的設計，便宜的從百元以上起跳，昂貴精緻的也高達三、四千元一道，以符合公司聚餐、家庭吃飯等多元的客人需求。

曾經在臺北高級餐廳工作的杜忠銘，覺得北、南兩地的飲食習慣差異頗大，尤其在口感、價位和分量都與臺北有極大的不同，他也是在創業初期跌跌撞撞嘗試後，歷經五年時間才掌握到臺南客人的消費模式和脾性，所以臺北的經驗雖然珍貴，卻得在地修正。「我常和臺北從事餐飲的朋友說：『我們在臺南就是過生活』，雖然客人是需要教育，但飲食也很主觀，所以不能強求客人一定要理解我們的做菜理念。」杜忠銘

以墨西哥薄餅加入馬茲瑞拉醬等，淋上巧克力醬，餅酥可口。

說，針對客人常反映的菜色問題，他們還是會討論、修改；新菜單的設計也不過度複雜，幫助讓客人快速理解，一切以好吃、新鮮爲主。

學校是基礎　獨當一面得靠業界訓練

創業後，莊詩唯最深刻的體認是：「我們的基礎是來自學校，但更重要的是到業界工作後的訓練。」莊詩唯說曾經有一兩個同期的同學一畢業，就直接創業開店，也有部分原本在學界教學，後來獨立開店，往往成果卻沒有很好，「進入業界，是眞實面對客人，學習如何出餐速度才會快，品質如何才能維持，這是進入業界眞正的價值。」

因此，莊詩唯和杜忠銘也覺得創業不用急，在業界中好好學習磨練，提升能力獨當一面的能力，才能在餐飲之路走得越遠越有力。

給學弟妹的建議

要認清餐飲的本質，能不能接受餐飲業工時長、假期與一般人不同，甚至過年過節也要工作的常態。且千萬不能只有熱血，還必須要有堅定的意志力和毅力，如何在面臨現實考驗時，才能持續努力。

香緹果子

林彥廷

畢業即創業　跟著潮流的行動派甜點職人

引言

香緹果子是臺中超人氣甜點店，提供芙蕾鬆餅、泡芙蛋糕、千層蛋糕以及咖啡茶飲。招牌的千層以手工薄餅皮層層疊起，結合清爽不膩的鮮奶油，風味一如創辦人林彥廷所追求的簡單、清爽、純淨，入口還能擁有甜點的驚喜幸福感。

INDEX

香緹果子

地址：臺中市北區崇德路一段256巷1號

電話：(04)2235-5693

網址：chantilycircus.weebly.com

林彥廷將每個蛋糕都視為作品用心製作。

為宅配設計的水果千層卷，較能避免運送途中的顛簸。

林彥廷　小檔案

學歷：國立高雄餐旅大學烘焙管理學系畢業

經歷：臺北亞都麗緻飯店點心房助手
　　　香緹果子

獎項：上海國際美食大賽—下午茶甜點展示第三名
　　　香港廚藝大賽—巧克力蛋糕現場製作銀牌

多數餐飲科系學生畢業後都選擇投入職場，磨練幾年汲取經驗再決定是否創業，但林彥廷卻是一畢業即創業，是梁靜茹給的勇氣嗎？林彥廷哈哈一笑：「就想不開。」

話雖如此，他可是在就學期間就做好創業準備。大四後，林彥廷就開始規劃創業報告，並向老師尋求建議，規劃一年多，畢業後就開了工作室。「大學時參加過兩個國際比賽，研究了很多技術，好像有點自大，但覺得自己應該有實力可以闖闖看。」林彥廷說。

一開始是工作室性質，晚上在旱溪夜市擺攤，販售蛋糕卷、乳酪蛋糕等大眾口味產品，「選擇到夜市擺攤主要是經

專注才能讓蛋糕完美無缺。

驗不夠，其實也曾想跟家人拿錢直接開店，但他們覺得貿然開店會失敗，所以先擺攤磨練。」林彥廷回憶，「夜市是我創業第一個階段，也是最痛苦的時期。夜市環境很複雜，也常常下雨，都是靠天吃飯，租金其實不便宜，最大問題是當夜市變熱鬧後，攤主早上九點就要去排隊，等到下午三、四點才知道有沒有位子，中途還不能離開，常常排到中暑。」

　這樣的生活太辛苦，兩年半後他決定搬到臺中大坑九號步道旁的貨櫃屋，總算有了店面。當初夜市賣切片蛋糕，一片五十、六十元，到大坑之後研發了千層蛋糕，更能符合消費者對店舖甜點的期待，隨著名氣增長，用料與質感都提升，變成一片二百元。

以千層蛋糕為主的甜點讓人噴發少女心。

鐵觀音奶茶千層融入茶香，吃來更不膩。

水果千層是招牌口味，質地柔嫩。

一片片的餅皮都需手工製作。

價格不是問題，品質才重要，口味需符合客人的期待。最膾炙人口的就是水果千層蛋糕，手工薄餅皮結合清爽不膩的打發鮮奶油，層層疊起，再鋪上滿滿當季新鮮水果，切一小塊入口，質地綿密鬆軟，一下子就在嘴裡化開了，鮮奶油清爽不膩，夾在裡頭的水果適時溢出或酸或甜的汁液，難怪會吸引許多甜點愛好者。

林彥廷說：「水果千層蛋糕靈感來自日本HARBS。通常會搭配四種水果，至於薄餅皮都是一張張以平底鍋煎烙而成，不但夠薄，口感也很綿密。至於薄餅皮的麵糊材料僅麵粉、鮮奶、糖，鮮奶油則選用法國品牌。」

千層蛋糕陸續研發出茶香、焦糖烤布蕾等，並提供鬆餅和蛋糕卷以及咖啡茶飲，也開始打出名氣。林彥廷說：「我非常感激部落客飛天璇，當初她來吃過後，將心得分享在網路上，得到很多的迴響，也讓我們的店走紅。」靠著社群媒體傳播效應，香緹果子以千層蛋糕爆紅，當生意變好後，貨櫃屋無法擴大產能，也沒辦法增加座位，所以搬到崇德路店面。

多年下來，香緹果子擁有一批熱情的熟客，即便遇到疫情來襲，這群客人會主動在網路推薦，讓香緹果子保持穩定營收不受影響。「所以我現在很重視網路經營，不管是產品研發過程或心情都會PO文分享，與客人互動很重要。」香緹果子網路經營以臉書粉絲頁爲主，IG雖然年輕族群瀏覽者多，但林彥廷分析，粉絲頁Messenger設定自動化回覆比較方便，消費者的問題可透過自動回覆解決。

不喜歡一成不變，喜歡挑戰、跟著潮流走，林彥廷靠IG獲取國際甜點流行趨勢。「學生時代去國外比賽，發現日本烘焙業很值得學習，也覺得畢業後應抓緊時間創業，很多商機是我們可以先做的。」別看他斯斯文文，可是個行動派，「有一個想法就要趕快去實現，如果等準備好才去做，或許已經太晚了，那個時機不見得是你的。」他說。

不知千層蛋糕會流行到何時，林彥廷早已爲下一種熱賣商品做好準備。「比如觀察日本烘焙趨勢，若從熱賣品項嗅到一絲商機，我過一陣子就會推出，跟著潮流走。」林彥廷

空間以高質感的藍色調性為主。

每日都須製作數百片千層蛋糕的餅皮。

說，「我後來覺得夜市那個階段太久了，應該早點離開，夜市不是長久之計，不會有店面這種好客人。」

香緹果子的甜點沒有花俏裝飾，看起來卻清新悅目，「以前蛋糕會做很多巧克力飾片點綴，但現在流行簡約風，看起來素雅更討喜。」林彥廷話鋒一轉，「亞尼克生乳卷給我很大的啟發，以前比賽都是做法式甜點，覺得生乳卷不過就是蛋糕、鮮奶油打發，想不懂亞尼克生乳卷爲何竄紅，但吃過後才知道原來這是市場要的，簡單。」

一場疫情讓許多店爭相投入網購宅配市場，但林彥廷說：「有些甜點店會靠冷凍方式宅配，但千層蛋糕不同，鮮奶油冷凍再解凍後的口感不好，只能冷藏宅配，但會遇到碰撞變形坍塌的問題，目前還在找最適合的方式。」

研發讓林彥廷樂在其中，但人的問題就讓他苦惱了。「我是技職派的，管理方面比較弱，怎麼領導一個團隊才是最難的，雖然我是烘焙管理系畢業，但沒實際管理過，如何營造好的職場氣氛、讓大家都和樂融

泡芙蛋糕卷小巧可愛，充滿水果甜美。

泡芙蛋糕卷的鮮奶油奶香濃郁很爽口。

融，是我現在要努力的方向。」他說。

因爲是自己一個人創業，過去面對問題也只能一個人解決，如今以建立值得信賴的團隊，林彥廷感嘆，「校長兼撞鐘很累，我花了七年才想通，不要把自己累死，建構好團隊充分授權，才是正確的經營方式。」

一個人有盲點，自己覺得好吃，別人不一定這麼認爲。林彥廷現在研發新品會通過團隊所有人認可才上市。他笑說：「之前研發過奶綠風味，自己很得意，但夥伴們都不愛，反倒是提拉米蘇口味，大家都覺得聽起來就很厲害，果然推出後反應相當良好。」還有楊枝甘露、紅烏龍布丁口味也都是獲得團隊認可而上市。

創業八年來，林彥廷始終戰戰兢兢，出去旅遊的次數沒超過五次，「一人創業壓力很大，我就是靠走路，走一兩個小時，透過

店内提供義式咖啡及手沖咖啡。

心靈的對話鼓勵自己。」林彥廷說，因為門市生意很好，沒空想宅配的事，如今團隊穩定了，就思考開發這塊新的市場。

藉著走路舒壓，林彥廷說：「我也喜歡寫作，最近寫了一部科幻小說，約十多萬字，打算去參加小說比賽。」不會吧！甜點職人居然還斜槓小說家，太強了。

給學弟妹的建議

大量練習，就是大量練習！

勤奮的練習很重要，盡量強迫自己進修，多爭取教室使用，讓自己技能更穩，不管未來有沒有走烘焙這條路，不管哪個領域，技能都是最重要的。並不是畢業後才開始，應該是早就要準備好，才更容易被重用。設定挑戰點讓自己去達成，參加比賽、進修都是好的，大學唯一會有壓力的就是考取乙級證照，最好大學就能多考幾張證照，才能強迫自己練習，不斷專研讓技術更穩固。若有機會也要上設計課程，自己創業後發現，大大小小的事情都需要設計，尤其現在是網美時代，各家店都要有特色。

拜樹頭

畢詩涵

撐過疫情破繭而飛

引言

從高餐大烘焙系畢業，又攻讀食創所碩士學位的畢詩涵，與朋友共創了「拜樹頭 Buy Suit 烘焙商行」，主要賣烘焙物料、烘焙器材，當初還貼心設計一整套的懶人包物料，方便想動手做甜點的烘焙新手，也因此英文名取爲「Buy Suit」。幾年來，因應時勢不斷變化，這家店有了烘焙教室、開起課程，也開始接網路訂單，製作獨有風味的甜點。這家集三種功能於一身的烘焙商店，今年還重新整裝，將幻化成更具質感的店面。小畢與夥伴已磨刀霍霍，蓄勢待發。

INDEX

拜樹頭Buy Suit烘焙商店

地址：高雄市三民區鼎山街653號

電話：0908-033201

臉書：https://www.facebook.com/buysuitbakestore

營業時間：10:00-18:00，無公休日

小畢

拜樹頭外觀

畢詩涵　小檔案

出生：一九八七年
學歷：高雄餐旅大學烘焙系、高雄餐旅大學食創所
實習：Hotel One
證照：烘焙乙級
經歷：法朋烘焙甜點坊領班
創業：拜樹頭，二〇一七創立，客單價五百元

畢詩涵的朋友們習慣喊她小畢，當初跟朋友創立「Buy Suit 拜樹頭」這家店，預設主販售烘焙物料與器材，當時小畢很精心還將物料設計成套裝的懶人包，好比想要做一個肉桂捲，就需要麵粉、奶油、糖、肉桂粉、酵母等，她將這些物料整理成一套，方便想要做肉桂捲的新手客人，也就因此，這家店當初的店名取作「Buy Suit」，也就是買一套的意思，而 Buy Suit 英文念法又跟中文「拜樹頭」相

像，帶著「吃果子拜樹頭」的好涵意，所以有此中文店名。但小畢後來發現，這樣的懶人包竟然沒那麼受歡迎，她發現到，會買的人可能都是爲了嘗鮮想製作一下甜點的，偏偏他們做完之後，竟然極少可能又動念去碰觸烘焙。也就因此，整套的材料包銷量不如預期。

小小的店面，擺放了數以千計的烘焙產品。

可可有很多廠牌，整齊排放，成獨特的風景。

烘焙所需的各項器材，在這兒幾乎都找得到。

其實小畢當初大把的費用都花在進原物料與器材上，光是點心的原物料的蒐集，就非常用心，不論是糖的選擇、麵粉的種類、可可的品牌，包含歐美、日本抑或是臺灣產的，這裡幾乎一應俱全。店開幕後第一年時，生意沒有特別的起色。在這時候，小畢同時規劃起烘焙教室，她說：「烘焙的原物料賣得還算可以，那時候最不好賣的是大型器具，久久才會賣一臺。這時候我想著，自己也有這些設備，不如就開課教大家做烘焙，於是聘請專業的烘焙老師來上課。」一堂烘焙課約莫三千元起跳，一班可以有十至十八個人，扣除掉老師的出席費用之後，開一次課的收入不差，所以那時候烘焙教室反而成爲主力。

以前開烘焙課程的盛況。（照片拜樹頭提供）

之前網路上開團接單，即受到熱烈歡迎的麝香葡萄蛋糕。（照片拜樹頭提供）

她也觀察到這幾年年輕人的網路購物行爲，發現大家喜愛「開團」，也就是店家在網上公布這檔期會開賣的商品，網友們看到後下單訂購，等店家接到單、收到費用後馬上製作。小畢觀察到，疫情影響之下，網路購物變得更被需要。還有精品水果行來找小畢合作，希望她以當季的高檔水果做成蛋糕。她就曾經在父親節檔期，開團販售麝香葡萄蛋糕，小畢說：「花一千多塊錢買一整盒的麝香葡萄，很可能大多數人買不下手；但是同樣價格買一個麝香葡萄蛋糕，變得捨得。」況且買這個蛋糕，等於同時有新鮮水果，也有美味蛋糕，當然又有幫父親慶祝節慶的功用在。那次訂單約莫一百多顆，對於有多方限制的小烘焙室來說，這數字已屬驚人，小畢說那時好幾天都必須凌晨五點就開始上班，也就因爲迴響熱烈，今年（二〇二二年）的母親節檔

LUXE北海道奶油乳酪有濃郁卻清爽的奶香，很受歡迎。

這幾年大家喜愛手作可麗露，也助長可麗露銅模的銷量。

小畢也會接單製作餅乾禮盒。（照片拜樹頭提供）

期，小畢又推出選用日本進口哈密瓜製作的母親節蛋糕，此「哈味」一樣受到青睞，數字也是上百模。後來拜樹頭也開始接訂單做喜餅，甚至也跟活動公司合作，外出做外燴的場子。小畢與夥伴，一直花心力與心思，拓展更多更大的可能。

有趣的是，也因爲疫情影響，在去年最高峰，即疫情警戒標準達到第三級時，商店裡賣的物料與器具竟然也逐漸爆量。原來是因爲那段時間大家不外出了，所以開始會試著想要在家玩烘焙，於是從網路上向著拜樹頭訂購器材。小畢說：「最高量的時候，我居然在某一天收到破一百張的器具與物料的訂單，那時候眞的很認眞努力在包裝、寄送。」也因爲在家做烘焙的風潮，原本銷量不顯眼的大型機具，像是均質機，竟然變成店裡的「金雞母」。

這兩年疫情重創整個餐飲業，小畢也因爲疫情，兩年多來的教室烘焙課程幾乎停擺。幸好她的個性不服輸，努力利用網路平臺，接訂單製作甜點：原物料、器具的販售，也因疫情反而助長銷量。看起來像是三個不同的營業項目，竟然在這樣一個小店面融合，這是小畢一開始創業時沒有想過的情況。

她總說，自己不是生意人，往往做的都是笨事情與笨方法，她也覺得高雄餐旅大學畢業的學生，尤其以烘焙系來說，明明做出的甜點，總是料好實在又美味的，但是在拍照、寫文案上的功力較弱，所以顯現不出自己甜點的優點。她說：「我做生意總是從傳統的方式著手，我很願意去學校給學生上課，像是臺東的均一實驗中學，高雄的三民家商、樹德家商、中山工商等。跑一趟臺東，上課收入可能直接抵掉我的車資，而且我還要花勞力備課，花時間搭車，可是這些事情都是該做的。」她深信增加自身的曝光，這家店才會被看見，訂單才會來。她也珍惜跟前輩、老師、同業、顧客們之間的緣分，「當他們需要特別的機具時，傳個 Line，我就會幫忙找到送達。因爲當初剛創業時，這家店花的錢不多，裝潢還大多我跟夥伴自己動手。也因此，我做生意就是以最傳統的方式，去累積人脈。」她說。

現在的拜樹頭重新整裝中，在這後疫情時代，小畢懷著百廢待興的信心。她還大手筆找設計公司，一、二樓都將有新面貌。尤其是二樓的教室，也將會有更舒服並有質感的環境。她也期望之後可以接洽到外國籍老師，規劃更獨特且有質感的課程。做生意這件事對於小畢來說，可能就是所謂的做中學，亦步亦趨慢慢這樣走著。挺過了很多人無法撐過的疫情時期，現在的拜樹頭即將脫繭起飛。

臺灣品牌的馬達加斯加香草棒，也很受到歡迎。

北海道鬆餅粉在疫情期間銷量上漲，是那陣子的人氣商品。

給學弟妹的建議

看重你現在的選擇，你的選擇將會成就現在跟以後的你
定義自己的目標，隨時保持調整的可能。
努力是基本的，時間是需要的，或許不會樣樣做到，但一定會看到一些成果。

烘焙產品所需的糖，這裡種類就相當多。

來到拜樹頭，小畢一定會給予最親切且專業的服務。

畚咖弁當

聽某喙大富貴　小夫妻的便當哲學

謝文捷、高珮瑄

各種主菜都相當誘人食慾。

引言

鹿港小鎮的畚咖弁當每天只有五種選擇，僅傍晚營業，但口味深受好評。老闆謝文捷、高珮瑄夫妻倆是高雄餐旅大學五專餐飲廚藝科班對，小倆口一起爲夢想創業打拼，雖然日子過得忙碌，卻也在便當裡找到了夫妻和諧的相處之道。

INDEX

畚咖弁當

地址：彰化縣鹿港鎮鹿草路一段290號

電話：(04)778-3018

臉書：www.facebook.com/benkabiandang

主菜搭配豐富蔬菜，能吃得營養健康。

謝文捷　小檔案

學歷：高雄餐旅大學五專餐飲廚藝科

經歷：開飯川食堂廚助

高珮瑄　小檔案

學歷：高雄餐旅大學五專餐飲廚藝科

儘管已接近四點，午後豔陽依舊燦爛，讓人曬得懶洋洋，畚咖弁當的廚房裡卻宛若戰場，不自覺就會繃緊神經。才端出一鍋宮保雞丁，空氣裡爆香乾辣椒的嗆辣氣味尚未散盡，謝文捷又開始起鍋翻炒，烈焰熊熊、鑊氣騰騰，沒一會兒功夫，爽脆的高麗菜也出爐了。

另一頭，高珮瑄剛把白芝麻粒補滿，接著俐落將作爲配菜的大香腸切了滿滿一鐵盤，送到外頭櫃檯，順手打開炊飯鍋鬆飯，水氣散掉一些，米飯才會更Q更好吃。電話響了起來，才四點多一些呢，居然就有人打來訂購便當了，而且一通接著一通沒停過。

儘管忙得不可開交，高珮瑄接起電話還是客客氣氣，溫柔得很，掛下電話便與員工依著訂單在飯盒裡塡

主菜加上滿滿配菜，相當有滿足感。

謝文捷充滿幹勁，菜餚炒得鑊氣十足。

高珮瑄負責外場，將便當店打理得乾淨整潔。

泰式風味的打拋豬肉滋味十分下飯。

飯、舀菜，瞄到配菜紅蘿蔔絲炒蛋將見底，透過對講機讓謝文捷趕緊再炒一盤出來。

五點開始營業，客人便湧入取餐，高珮瑄還不忘提醒「今天有冰冰涼涼的茶飲，可以自己打包喔。」直到五點半，謝文捷終於有時間走出廚房喘一口氣。

二〇一八年開業的畚咖弁當，每日僅晚餐時段營業，主菜只有四款固定口味，以及一款每日精選便當。這一季固定口味是打拋豬肉、宮保雞丁、蒜泥白肉與焢肉，不見傳統便當店的炸雞腿、炸排骨。

頗受好評的宮保雞丁，是將雞肉醃漬後以大火過油，搭配爆香過的二荊條乾辣椒、辛香料，再以醬油、醬油膏、老抽、番茄醬、糖、胡椒粉、米酒等調味。跟泰式料理大廚請教的打拋豬肉也很受歡迎，南洋風味吃來讓脾胃大開。

至於便當的靈魂就是米飯，選用苗栗壽司米，至少掏洗三次再浸泡四十分鐘，炊飯的米水比則是1:1.33，燜二十分鐘再鬆飯，米飯口感軟Q濕潤不乾澀。從小細節講究，也讓畚咖弁當生意穩定成長。

謝文捷、高珮瑄是高雄餐旅大學五專餐飲廚藝科班對。「畢業之後，因家裡開自助餐，考量到父親年長，所以決定回家幫忙。自助餐僅中午營業，就選擇晚上自己創業另開便當店。」謝文捷說。

雖然同樣提供民眾解決一餐，但自助餐與便當店經營模式完全不同。自助餐每日提供高達六十、七十種菜色，「畢業後曾在開飯川食堂工作，那時是站砧板，偶爾幫忙炒員工餐，但回家後就是站爐臺，每天都像是在打仗，得快速準備幾十道菜色，對於火候、調味掌控更加得心應手。」謝文捷說。

「自助餐麻煩的是通常需自己人結帳，因利潤低，得配合每天菜價波

蒜泥白肉充滿了蒜香肉鮮。

每日提供冰飲或熱湯供民眾自行打包。

三杯雞帶著順口辣度，相當受歡迎。

動調整售價，鹿港不是大都市，無法接受打個便當就百元出頭。原本都是媽媽站櫃檯結帳，也考量到她的身體健康，才打算從晚上開便當店，便當的售價是固定的，不需人工目測計價，若能做上手，父母就可退休。」

自助餐、便當店的利潤不算高，卻是普羅大眾生活所需，雖賺不了大錢，但也餓不死。「我當初考量第一是自身的資本，工作存約五十、六十萬，不想跟父母拿錢，想以自己能負擔的開始，第二是家裡原本就做類似的自助餐，大家都會吃便當，或許比較穩定。」謝文捷說。

那時，謝文捷、高珮瑄還只是男女朋友，聽到男友想創業，商量後，高珮瑄毅然決定放棄自己的夢想，她笑著說：「我本來想去考空姐。」夫妻創業有好有壞，好處是比較有默契，因為是一起的事業，會投入全副心力。壞

每日精選口味都會寫在黑板上。

處則是每個人價值觀不同，處理事情態度也有別，「但爭執過後靜下心討論，總能找出解決方式，磨合後就能找到答案。」高珮瑄說。

眞的嗎？我偷偷問謝文捷「若意見分歧到底聽誰的？」

謝文捷尷尬表情一閃而過，大聲說：「檯面上聽我的！」話鋒一轉，「對外由我決定，老婆在別人面前不會吐槽我，但私底下會給建議。她比較聰明，總會思考很多層面，並預想遭遇問題如何解決，有些是我根本沒想到的。如果我的答案能說服她，她就全力支持。」

每日精選口味總是最早售罄，圖為京醬肉絲。

俗話說：「聽某嘴大富貴」。高珮瑄不是背後那個女人，而是謝文捷創業最堅強的親密夥伴。

謝文捷坦承，做這一行，誰不想風風光光，「我那時候愛面子吧，雖然不打算跟父母拿錢，但曾想著去貸款開一間看起來較體面的餐廳，但經過老婆冷靜分析，還是決定從自己能負擔的做起。」

面子哪有裡子重要，穩扎穩打才是成功之道。謝文捷說：「剛創業時蠻受挫的，工作時數很長，但每個月結算只能領一萬多元，我也沒錢打廣告，還好口碑很快就傳開了，創業時是在巷子裡的小店面，大家都很驚訝，因爲同一店址曾倒了六、七家店。」生意慢慢穩定後，爲了應付客人需求，於是遷址換成現在較大的店面。

創業前幾個月很難熬，是靠著信念撐過來的嗎？他哈哈一笑說道：「靠老婆！」

彼時謝文捷偶爾會脫口說出「算了，乾脆收一收，賠一賠不要做了。」但充滿正能量的高珮瑄總是一直鼓勵，「再做看看，不要放棄。」兩人共同創業三年後，從便當裡

謝文捷（右）、高珮瑄（左）夫妻倆一起創業，小店也能實現大夢想。

體悟到相處之道，也決定攜手共度一生。

是啊，便當盒不能硬塞，菜餚要擺得協調錯落有致，有均衡的配菜相稱，主菜才會顯得精采。小小一個便當，裝進了用心與誠意，就像人生一般，不求富貴榮華，但求豐富滿足，過得有滋有味。

給學弟妹的建議

學校老師是在社會上都有一定的歷練，要學的是他們看事情的思考邏輯。至於實習對於未來要走的路有很大的影響，會讓你思考到底要繼續從事餐飲還是轉換跑道。如果眞的要選擇走餐飲這條路，對自己有信心就去做，失敗了也是一個經驗，即使失敗，重要的是如何站起來。

我認爲創業不要跟人家合夥，因爲親人有切身之痛，若出了事，資金帳務轉不過來，可能會讓家庭陷入愁雲慘霧，想創業最好在自己的能力之內。

福得小館

找到食材最適合料理的方式才是王道

郭建麟

郭建麟經常獨自思考菜色的創意，將當令新鮮食材以最適合的方式烹調。

引言

擁有西餐師傅背景，加上從小就在屏東東港長大，也曾到澳洲的義大利餐廳打工，郭建麟心中一直有著開設西式小館子的夢想，歷經臺北多家五星飯店的洗禮，他才決意回歸，選在離家鄉近一點的高雄市區，開設了福得小館，店名來自於英文「Foodie」，善用當地、當季料理，端出許多不受限制的西式創意菜，二〇一六年店一開沒多久就爆紅，成為高雄市區預約困難的餐廳。

INDEX

福得小館

地址：高雄市苓雅區和平一路179號

電話：07-222-0089

營業時間：11:30-14:00（假日14:30）、17:30-21:00，週一公休

餐廳外觀

清炒檸檬辣椒漁夫義大利麵利用東港新鮮漁貨，快炒成鮮味飽滿的香Q義式麵點。

郭建麟　小檔案

出生：一九八二年
學歷：省立東港海事、高雄餐旅二專部西餐廚藝系
實習：君悅大飯店
證照：西餐廚藝烹調丙級
經歷：亞都麗緻大飯店、澳洲打工渡假、君悅大飯店
創業：福得小館，二〇一六年創立，客單價六百～一千元

大概二十年前，當義大利麵店、歐陸料理、法式餐廳在臺灣還沒像現今如此繁多，甚至走沒幾步路即能拾得時，那時的我們在吃到西餐，總愛評斷是否道地。在當時，西洋料理帶著臺味，是個批評，但如今的西餐，甚至是所謂的Fine dining料理，卻紛紛強調在地化，

甚至帶點臺灣味才表示愛臺灣，甚至喊起了「越在地，越國際」的口號。

福得小館的老闆兼主廚郭建麟也說：「西方料理可能固定有些元素，加了這些之後你就會定義它是西餐，像是你今天做了一道偏臺式料理的熱炒，但是是當你最後淋上初榨橄欖油，又再刨點起司，你就會覺得它有西餐的風味。再反觀歐陸料理，我就曾經吃過有些熱炒菜，居然有我小時候熟悉的臺菜味道，像是他們的一道義式肉醬麵，竟然也有點臺灣小吃肉燥的感覺，因爲也有蔥，也有大量的蒜頭、辣椒。」難道說西方國家，也時興菜色要融合亞洲味？但其實這可能僅是闡述，許多料理的概念同源，經古至今於各國各地區演化，成爲了萬千風貌百滋百味。

酥炸東港漁村綜合海鮮下方襯著的吸油紙，很有臺灣味，是郭建麟刻意挑選的。

郭建麟還說：「很多客人會說我們福得小館是義大利餐廳，但其實我沒有特別定義爲是哪一個國家的菜色，它就是歸類爲西餐，而且是自由地、舒服地讓大家來吃個飯，就像同事們下班後，會約來這裡聚餐的一間餐廳，不用刻意換衣服，甚至有時候穿著短褲拖鞋都沒關係，菜色有炸的、有烤的、有炒的、有煎的、有涼拌的，有下酒菜、有主食，甚至你想要品嘗一點更高檔的排

這裡許多道菜色，都會現刨上起司，帶出風味。

餐，我也可以提供，我們盡量在每種食材，有不同的且最適合它的料理方式。」

提到爲什麼想創業？曾經長時間都在北部工作的郭建麟，考量家人都在屏東東港，憑著終究想回歸故鄉的念想，而高雄比起東港總是更市區一點，考量人潮，所以他選擇了在高雄開店，畢竟從高雄回東港，大概也僅需四十五分鐘即可抵達。

至於爲什麼是這樣的一家店？他說：「我父親有漁船，家裡會捕魚，漁獲要販售交易，如果有了大宗的買賣，那就會有慶功宴，每年總有個十幾場。從小我就因爲這些宴席，我喜歡上那種跟著長輩坐在餐桌上熱鬧無比的感受，空氣中飄散食物的香氣，也有酒精的氣味，還有人聲喧囂，與歡樂的氛圍。」從小就常在這樣的場合吃飯，他感受到的是輕鬆又自在，於是在待過許多知名的西餐廳之後，他將自己擅長的西餐技藝，結合最熟悉、最時令的食材，當然也包含他從小看到大的東港海鮮，做出一道道美味又有趣的Comfort food（療癒美食）。

像是清炒檸檬辣椒漁夫義大利麵，就吃得到許多東港海味，海蝦、貝類，甚至竟然還有臺式熱炒店常吃到的風螺（鳳螺），交織成一道滿滿鮮味的西式餐點。也有下酒的招牌菜，酥炸東港漁村綜合海鮮，將新鮮各

經典花園沙拉標榜用了當令的蔬果，繽紛又有多種口感，再加上特製佐醬。

甜點口味經常更換，訴求用料實在，圖為黑芝麻巴斯克起司蛋糕。

式海鮮酥炸後，刨上起司添味，但裝盛的盤上襯著的吸油紙，卻是在臺灣吃辦桌時看到的那種粉紅色雕花款式，初看到的顧客肯定莞爾，郭建麟說：「這就是我想刻意製造出的衝突感。」

他小時候就喜歡看烹飪節目，熱愛看師傅做菜再端出色香味俱全的好菜，也因此影響他之後決定走上餐飲這條路。他喜歡將最新鮮的食材，用他這麼多年來的經驗來判斷，以最恰到好處的處理、烹調成料理，呈現給每個上門的嘉賓。福得小館開幕後這幾年來一直是高雄在地人氣餐廳，郭建麟從沒花錢找部落客、網紅來寫文，連媒體主動希望能有採訪報導，他也幾乎都拒絕，單純埋著頭全心全意顧好自己的料理。直到二〇二〇年受到疫情影響之後，才開始生意下跌，尤其是去年政府規定禁止內用那幾個月，再來是今年五、六月確診人數升高時，這兩段短時間內，生意大概是平常量的三、四成，郭建麟於是帶著夥伴們，推出外帶菜色，也一起製作冷凍水餃，在不裁員的狀態下，盡量訴求餐廳正常運轉。

這兩年，大高雄餐飲市場有愈來愈多的fine dining餐廳，走無菜單料理模式，且往往餐價更高，也可能帶高餐廳的總營收。我問郭建麟之後是否會想那方面運作？他則覺得，每個主廚想要的風格不一，他只希望以後的餐廳環境能夠優化，因爲現今的小館規模略小，他想要有更多更先進的設備，讓之後的菜

利用當令食材，現點現做出富有療癒感的食物。

郭建麟小時候就喜歡看烹飪節目，影響他之後想走餐飲的決心。

色更豐富多元，也讓顧客能更舒服自在地用餐，這是他喜歡的餐廳該有的模樣。

給學弟妹的建議

做自己想要做的事情很重要，而現在的社會，讓每個有夢想的人想要創業開個小店，都不是個很困難的事，但是往往去做了才會知道，當老闆是件非常辛苦的事情。所以創業之前，一定要好好把一切考量計畫清楚。廚藝好、東西做得好吃是最基本的，但是開餐廳有太多需要學的東西，甚至是做人處事、方方面面都是考驗。

瑪麗安東妮

八年只賣八款蛋糕　西餐廚師變甜點人

吳庭槐

工作室的櫃子裝飾。

引言

瑪麗安東妮是以宅配和自取爲主的工作室，隱身在斗南車站附近診所樓上，若是自取需打電話聯繫，會將甜點送下來。創辦人吳庭槐開業八年來只賣八款蛋糕，全是十八世紀洛可可風格，款款精緻猶如藝術品。

INDEX

瑪麗安東妮手工法國點心工作坊

地址：雲林縣斗南鎮南昌路124號（1樓為吳國猷診所，僅供取貨，未開放內用）

電話：0975-753-386

網址：www.marieantoinette.com.tw

虎尾米嘻咖的風格與吳庭槐的甜點風格一致。

白森林巧克力蛋糕造型像個小花園。

吳庭槐　小檔案

學歷：高雄餐旅學院西餐廚藝系畢業
法國雷諾特 Lenotre 大師班畢業
經歷：瑪麗安東妮手工法國點心工作坊創辦人
Petite Marquise 巴黎點心店
Auberge des montagnes 米其林推薦餐廳 點心部
法國 Pre Catelan 米其林三星實習
臺北君悅宴會廳西廚部

日式或法式甜點店除了招牌蛋糕，總會依時令或趨勢推出新口味，但雲林瑪麗安東妮二〇一四年開幕以來，就只賣八款蛋糕，絲毫不怕退流行，創辦人吳庭槐霸氣說道：「這八款蛋糕一眼就能看出是我做的！」

嚴格來說，臺灣的法式點心店可區分爲純粹法式、日系法式、臺式法式等風格，瑪麗安東妮則是少見的俄法風格，與前兩者（純法、日法）的原物料和做法都類似，但呈現的方式有別，「早期我認定自己是純法式風格，但法式甜點的裝飾不似我的作品那麼繁複，有一次法國朋友跟我說其實比較像俄羅斯的點心，

巴法華斯小蛋糕像是個紅色小枕頭，融合玫瑰、覆盆子和荔枝風味。

古董收藏是吳庭槐的創作靈感。

我後來查了資料發現蠻像的，所以定位爲俄國風的法式點心。」

他的甜點造型或像高雅瓷器，或如古董燈飾，甚至宛若織工精美的小枕，看了根本就捨不得動手，總得細細琢磨欣賞後，才萬般不捨舀下第一口。

因爲是外帶店，考量到宅配運送，所以一半以上品項在設計時，外層都以巧克力殼包覆。吳庭槐解釋，因臺灣較濕熱，宅配車若貨物太多容易失溫，只要運送過程中沒失溫，基本上都能保持完整外形送到客人手中。

甜點做得如此精緻，但吳庭槐其實是西餐師傅出身，高雄餐旅學院西餐廚藝系畢業後，到臺北君悅宴會廳

吳庭槐夫妻倆收藏了許多畫作。

每個巧克力都猶如精緻的工藝品。

做甜點需要沉穩的心情。

西廚部服務兩年多，「我原本就規劃未來要開家西餐廳，覺得如果有點心底的話，以後比較不會被點心師傅牽著走。」

抱持著「即使不會做也要知道怎麼做」的心態，他赴法國雷諾特甜點學院（École Lenôtre）進修，「剛開始抱著我只要看得懂製作手法的心態，就跟木雕一樣，你知道怎麼雕，但會不會雕是另外一回事。愈學愈發現，點心是另一個境界，若沒有看過做法，可能不知道原物料是什麼，對我來說相當新奇。」進修一年多，後來在法國、英國工作，前後在歐洲待了近八年。

即便在歐洲工作了幾年，吳庭槐回臺創業並未選擇開家甜點店，「我覺得自己不是本科系的，開店還需要磨練，畢竟離開臺灣那麼久了有點脫節，原物料、溫度、濕度都不是很了解，所以在老家先開工作室。」吳庭槐說，「那時連鎖咖啡店一顆蛋糕才三十幾元，八年前我的蛋糕一個就要一百八十元、二百元，開甜點咖啡店除非在都市，在雲林應該很難生存，不如賣給全臺灣，所以決定透過網路販售。」

自己一個人做甜點，工作時間難免比較長，但販售、設

吳庭槐（右）工作時總是全神貫注。

計上倒是沒遇到什麼困難，瑪麗安東妮的甜點風格實在太鮮明了。吳庭槐說：「很多店的甜點上頭都會插一個 logo 牌或店卡，但瑪麗安東妮絕對不需要插，大家只要看到蛋糕就知道是瑪麗安東妮的。即使是最簡單的檸檬塔，一拿出來，大家也能清楚辨識出我的產品，沒有人跟我做得一模一樣或類似。」

這倒是眞的，瑪麗安東妮的清新檸檬塔，以臺灣萊姆、進口黃檸檬爲底，結合法國巧克力，檸檬奶餡融合鬆軟微甜、細膩微酸和滑順香濃三種層次。尤其是表面以可可粉撒的花紋與刻字，細緻清晰，足見手工之細。

最多人購買的巴法華斯小蛋糕，外形猶如一個紅色小枕頭，吳庭槐說：「這口味不是我發明的，是法國點心鬼才 Pierre Hermé 發明的招牌甜點 Ispahan，他把玫瑰的香、覆盆子的酸、荔枝的甜結合，他自己也說此味只應天

盧米埃帶著淡淡花香，入口散發莓果酸甜滋味。

檸檬塔有三種檸檬風味層次，從可可粉能看出手工之細。

上有。我向這個味道組合致敬，做成自己想要的造型，就是像枕頭這樣。」

白森林有點像是球狀，裡頭有開心果草。「一開始夏天不賣點心，只做冰淇淋，但是太多人詢問蛋糕，於是把適合冬天品嚐的黑森林變個顏色，裡頭做比較清爽的口味，組合了草莓庫利、日本柚餡、香草蜂蜜佛手柑慕斯、開心果蛋糕等，還綴上白巧克力小花。」他說。

又如以畫家常玉《玻璃瓶內的藍色菊花》畫作和古董燈飾爲靈感的盧米埃（Lumière），結合香草茉莉花慕斯、覆盆子庫利、黑醋栗奶餡和杏仁蛋糕，淡淡花香帶著酸甜莓果滋味，珍珠白外表綴著常玉

吳庭槐有著扎實的美食文化背景。

的線條，優雅到了極致，不禁讓人想到十八世紀的法國藝術品風格。

之所以取名為瑪麗安東妮，就是因為吳庭槐喜歡這種風格。十四歲由奧地利嫁到法國的瑪麗安東妮，藝術品味獨到引領風潮，也將品味延伸成細緻瑰麗的洛可可風格，讓法國皇室的甜點更多元。「所以我把那個美好年代的風格發揮在甜點上，也只侷限在洛可可這種風格。」也因此在他的甜點可以看到把尖角柔和化、把直線曲線化的洛可可風格。

一直以來以冷凍宅配為主，吳庭槐也提出建議，首先是要蛋糕要固定，以避免運送途中碰撞，蛋糕會先以-20℃急速冷凍後再宅配，裝飾則另外收納，待客人收到後自行組裝。但最大的問題還是在於宅配溫度，若遇到重大節日，比如端午節，粽子很容易吸冷度導致整輛低溫宅配車溫度下降，若蛋糕遇上了一定很慘，所以乾脆關閉官網不提供宅配，希望消費者自取。

臺灣幾乎沒有甜點店跟瑪麗安東妮一樣，八年來就只做八款蛋糕，從來沒換過。「我一直覺得東西做到極致，客人就會來。就像吃湯包就會去鼎泰豐，吃滷肉飯就去鬍鬚張，在雲林說起甜點，就一定會提到瑪麗安東妮。」吳庭槐說，「你可能不是每天都吃，但想吃的時候就會想到我。」

厲害的不只是風格，而是八年只做八款蛋糕！

給學弟妹的建議

我進高餐時，學長學弟制比較重一點，通常會由一個學長帶一個學弟，我學長第一天就給我一張卡片，上面寫著「餐飲不是一條易路，如果沒有興趣的話，馬上改行。」這是蠻沈重的一句話，若沒有興趣，在這一行眞的不容易走下去，我也把這句話交給了學妹，她第二年就休學了。這一行的壓力很大，需要很大的熱誠和抗壓性。

做什麼都好，行行出狀元，但一定要有自己的特色和風格。

熬匠

魏士展

從醬出發　在員工餐領悟的創業之道

魏士展認為餐飲人都應保持熱情。

引言

鄰近臺中火車站、位於大魯閣新時代購物中心旁的熬匠，以加了巧克力的熟成咖哩醬爲主打菜色，各種費時熬煮的醬汁搭配漩渦蛋包，結合簡潔清新的裝潢風格，迅速就擄獲了年輕族群與附近家庭客的青睞。

INDEX

熬匠

地址：臺中市東區大勇街27號

電話：(04)2224-2010

辣個爌肉咖哩飯加了東泉辣醬調味，風味很驚喜。

店面小巧清爽，很有文青風。

漩渦蛋包口感軟滑。

魏士展 小檔案

學歷：高餐五專廚藝科
經歷：鏟子義式廚房
北澤集團青木洋食
Wired Tokyo 臺中店
做咖啡 lite&deli
事蹟：二〇一四新加坡 FHA 亞洲展示菜銅牌

走進熬匠，只見天花板、牆壁皆是清水模元素的灰色調，簡單極致的混凝土素材，讓空間顯得很純粹，即便其他色彩似乎都被淘汰了，卻未顯得冷冰冰，木桌、藤椅、綠色植栽與光影交織出溫暖氛圍，這是時下各族群都喜愛的極簡風格。

這裡餐點主打以醬汁搭配米飯、烤餅等，老闆魏士展說：「目前有八種醬，包含最基本的咖哩、金黃南瓜醬、異國風味的綠咖哩、紅酒燉牛肉、法式奶油白酒燉

煙燻咖哩燉牛肉味道馥郁充滿層次。

雞等。」

二〇二〇年開業至今，最受歡迎的是日式咖哩系列，魏士展說：「也刻意壓低價格成為主力商品。」咖哩醬香醇濃郁，吃來帶著回甘韻味，「洋蔥需先炒到焦糖化，重點是加了大量蒜頭，一半生蒜，另一半則是油炸到金黃色的蒜頭；馬鈴薯會先過油，加上紅蘿蔔、蘋果泥，另外還混合小茴香、肉豆蔻、肉桂、薑黃粉等十多種香料調成瑪薩拉香料和咖哩粉燉煮，炒香料粉時，油量不能客氣，香氣才能徹底散發出來。」

而美味的祕訣則是加了70%巧克力，雖然巧克力微微帶苦，卻能讓咖哩醬尾韻變得更有層次。從炒洋蔥、炒香料到慢火燉煮，得花上近三個小時，再以均質機打成醬，「這樣還不能出餐，還得放置一天熟成，味道才會更醇厚。」魏士展說。

經過熟成的咖哩醬芳香味濃。

綜合烤時蔬是熱門單點小食。

被魏士展視爲得意之作則是味道強烈的是煙燻咖哩燉牛肉，他說：「牛肋條煎過再炙烤，基底和日式咖哩醬類似，還加大量乾辣椒與煙燻辣椒粉，並摻了些許梅林辣醬，類似南美風味。」

既然在臺中，怎麼少了東泉辣椒醬！魏士展笑說：「臺中人吃爌肉飯就是要加東泉，於是發想設計了辣個爌肉咖哩飯，屬於獨創的臺中風味咖哩。靈感來自於墨西哥塔可餅搭配的燉豬肉醬，結合自行調製的瑪薩拉香料、番茄和東泉辣椒醬，再以少許孜然、醬油提味，放入煎成焦糖色的五花肉燉煮，算是融合了墨西哥手法與臺式風味。」推出後，果然深受年輕族群喜愛。

當初開熬匠只花了三個月籌備，魏士展說：「合夥人過去曾開過三家餐廳，我也跟著學了很多。會選擇這種型態是希望可以達到量產、有既定 SOP，且品質不變的餐點，同時也要符合民生消費型態，雖然有點類似便當，但又要有特色，所以決定從『醬』出發。」

魏士展從高餐畢業後就去當兵，退伍後除了繼續修讀應用英文系，同時也半工半讀，「過去工作會趁著負責員工餐時，一邊構思做出來的菜色是否能夠穩定量產，同時評估若能量產的成本和售價應該怎麼抓。」創業的夢想種籽早已在心中萌芽，只是還在等待適當時機。

千萬別小看員工餐！這是魏士展的體悟，餐廳的員工餐多半由小廚師、學徒

熬匠鄰近臺中火車站，位於大魯閣新時代購物中心旁。

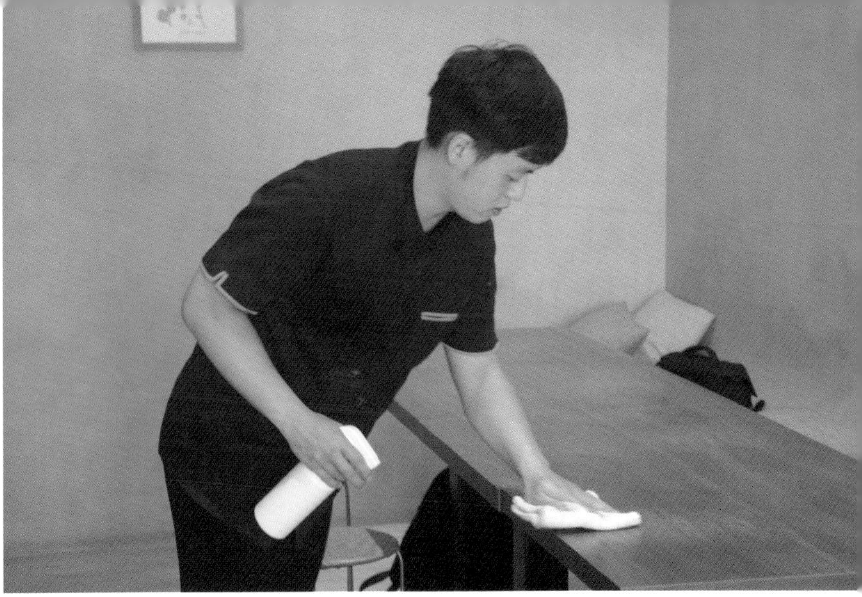

時時維持清潔是最基本的課業。

負責，「可以發揮創意練自己的技術，因爲有人會願意吃你做的東西，也會給與直接的回饋，又沒有直接面對客人的壓力。」魏士展笑說，「如果不小心做過頭不好吃，頂多被唸幾句，傷害不會太大，更重要的是可獲得前輩、同事們的建議，就知道該如何調整。」

「我覺得做員工餐是學做菜很重要的階段，當年在樂沐relaxing實習做員工餐，師傅也會從旁指導，自己要試著思考如何變化、怎麼做比較快，三十分鐘要煮出幾十人份的三菜一湯，對技藝是很好的磨練。」

「不要以爲只是員工餐，更應好好把握機會，因爲吃的都是餐飲人，不能小看。」他說。

魏士展覺得在學校學到的理論非常有用，「畢業前有堂課是微型創業，概念就是假設要開一家店，從市調、怎麼看報表、如何規劃都必須執行，雖然很粗略，但相當受用，重點就是最後需寫一份企劃書，而這份企劃實際上就能申請政府的青年創業貸款。」

創業也並非一帆風順，曾經最慘是晚上沒有一個內用客

酥炸豆腐頗受客人好評。

人，只有幾份外帶收到一千元，但事後遇到困境，魏士展就會想起這件事告訴自己「還有什麼事能比這更糟」，他笑說：「自我安慰的效果還蠻強的。」也帶給他繼續努力的勇氣。

至於人事則是每個老闆必然會遇到的課題，信任員工、放膽授權，他花了半年才眞正領悟。「開這家店之初，就希望營造正常的生活模式，而非傳統小店碰到老闆不在就得店休，餐廳要正常營運，找到副手、員工就很重要，而信任就是重要課題。」

他不諱言，甫創業時期換員工的速度有點快，「我也是初次當老闆，一開始脾氣不是很好，會覺得怎麼這個也不會、爲什麼員工態度不積極。後來慢慢調適，開始眞正去了解員工的想法，調配工作量、適時指導，漸漸的就發現只要對員工有信任感，就能得到等比回饋。」於是半年陣痛期過後，人事就穩定了。

法式奶油白酒燉雞附了一大片酥皮。

開發外帶便當頗受好評，圖為咖哩唐揚雞飯。

磨合也是一種學習。

他哈哈一笑：「我的個性也蠻多的，原本很衝，只想著效率、賺錢要快，後來才發現要用對方法，至少現在我月休八天也比較安心。」

他苦笑，「臺灣餐飲業很可憐，都沒辦法好好生活，或許餐飲業門檻低，沒人把它看得很偉大，但實際上這行業可以變得很偉大，只要找到正確方法，讓從事這行的人有份穩定的全職收入，工作就是要賺錢，不是只爲了夢想，我也希望員工能過著正常生活。」

魏士展安排自己固定週一休假，「我的興趣是彈吉他，也是紓壓的方式，從五專就開始玩音樂，終於現在能在閒暇去教課。」什

麼！原來他休假時，還會到音樂教室教授吉他。

創業當老闆雖然瑣事繁多，但把自己的生活規劃到最好，不需二十四小時 stand by，這樣才會有健康良善的循環，這也是當老闆的重要課題。

給學弟妹的建議

我覺得開店最重要的就是要有錢！資金到位很重要，必須靈活運用手上的資本，要知道自己的現金流，有沒有辦法在一定的時間內存活下來。我的觀察是很多店做不下去，主因都是沒辦法控制金流，可能這個月不賺錢，就叫不到下個月的料。開店燒錢的程度遠遠超過想像，一定要準備充足。

再來就是要保持熱情、相信自己。開店初期總會遇到困難，甚至會自我懷疑爲何要這樣做，收入和付出或許不成正比，但撐過過渡期就會發現回饋很大，比如收入變好、網路獲得佳評，就會對自己愈來愈有信心。

豬寶妹手感烘焙坊

從車庫創業到連奪三屆伴手禮首獎的蛋捲女王

王柔芳

張茂德（右）是王柔芳（左）創業最大的依靠。

引言

從傳統圓柱形蛋捲到八字形、水滴形等造型蛋捲，市面上品牌多到數不清，但圓圈圈造型的蝸牛蛋捲卻只有豬寶妹手感烘焙坊獨賣，甚至連續三年奪下臺中十大伴手禮殊榮，創辦人王柔芳的目標就是創造出蛋捲的一百種可能。

INDEX

豬寶妹手感烘焙坊

地址：臺中市龍井區遊園南路12-5號

電話：0923-355-779

網址：www.pig-lady.tw

原味蝸牛捲是最經典口味，口感細緻酥鬆。

圓圈圈的蛋捲造型已獲得專利。

王柔芳 小檔案

學歷：高雄餐旅大學餐旅教育研究所碩士
高雄餐旅大學烘焙管理系二技

經歷：大慶商工餐飲管理科教師
中山工商餐飲管理科教師
宜寧中學觀光科教師
溪湖高中餐飲管理科教師

證照：烘焙蛋糕麵包乙級、中式麵點糕漿餅乙級、飲料調酒乙級、中餐烹調乙級（葷）、西餐烹調丙級

事蹟：二〇一八年臺中市十大伴手禮、最佳現場人氣獎、花博獎
二〇一九年臺中市十大伴手禮
二〇二〇年臺中市十大伴手禮、最佳現場人氣獎
二〇二〇年國際零食展團購最愛獎第一名

蝸牛捲搭配咖啡、茶就是最棒的下午茶。

雪山蝸牛捲是在蛋捲中間填入牛軋糖。

吃蛋捲哪有不掉渣的！但將整個圓圈圈般的蝸牛捲塞入嘴裡，香甜酥脆中又帶著綿密口感，味蕾感受到的是濃濃天然蛋香，還沒咀嚼完就想再吃下一個，哪還捨得掉渣。

豬寶妹手感烘焙坊創辦人王柔芳笑得可開心了，二〇一八年至二〇二〇年連續三年，她研發的蛋捲都奪下臺中十大伴手禮頭銜，成爲人氣爆棚的團購夯品。但風光的背後，王柔芳當年是窩在自家車庫創業，靠著瓦斯爐、手壓版一個個手工做出蛋捲，賣力付出才有今日百坪工廠的規模，也才成爲人人稱讚的蛋捲女王。

王柔芳從高雄餐旅大學餐旅教育研究所畢業後，一直在中學餐飲科任教，二〇一八年因公公跌倒成了植物人，加上小孩僅六個月大，在托嬰中心經常生病，讓王柔芳相當不捨，也常影響到教學工作，「孩子得了支氣管肺炎，我就得跟學校請假一星期，加上公公送養護之家，進出醫院成了家常便飯。」工作、家庭兩頭燒，王柔芳毅然決定離職回歸家庭，卻碰上先生張茂德工作的紙廠關廠，夫妻倆商量後決定自行創業，考量到自己的烘焙專長，便鎖定正在流行的創意蛋捲風潮。

「花了三個月籌備，烘焙品項很多，但我只鎖定蛋捲，一是常溫不需冷藏，二是屬於大眾口味，三是較好操作。」王柔芳解釋，那時造型蛋捲正興，水滴形、八字形是主流，王柔芳思考，所有的餅都是從圓形出發，且裝桶不易碎，於是研發出圓形的蝸牛蛋捲。

微薄的資金全數購買設備，王柔芳只能將自家車庫充當工廠，透過社群媒體社團尋找客人。

「第一筆訂單四桶，還是社區群組裡訂購的。」王柔芳說，「前三個月一直調整配方，到處找人試吃詢問感想。配方比例需拿捏，消費者不喜歡太甜卻不能不加糖，糖是甜味劑也是軟性材料，能幫助蛋捲變脆，褐化作用能讓蛋捲上色。」這時專業背景就派上用場了。

玉帶鳳凰捲有海苔花生、海苔旗魚鬆兩種口味。

禮盒包裝小巧可愛，是送禮首選。

蛋捲配方是全雞蛋不加水，且油脂比例低，不使用豬油或酥油，而是添加進口奶油、少許植物油，且不放抗氧化劑，並刻意挑研磨得較細的進口麵粉，讓成品口感更細緻。

「初期一天頂多只能做十桶，客人來取貨時都很訝異，因爲沒招牌，甚至是聞到味道才按門鈴。」王柔芳回憶道，蝸牛捲一開始就研發了九種口味，包含原味、芝麻、巧克力、抹茶、起司、咖啡、紫玉地瓜、黃金地瓜等。

玉帶鳳凰捲曾獲二〇一九臺中市十大伴手禮。

歷年來各種產品獲得的獎項是王柔芳最大驕傲。

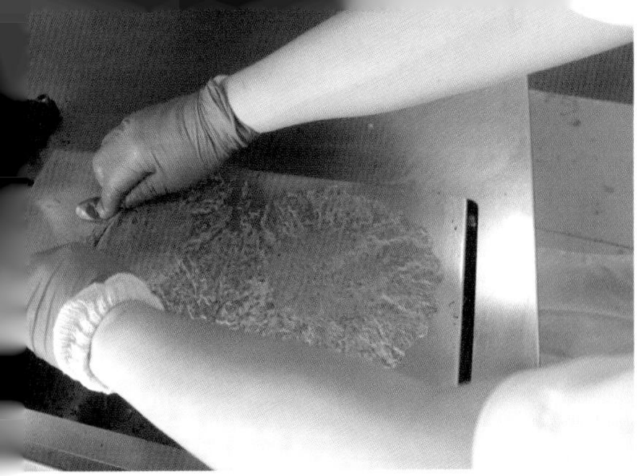

蛋捲全靠手工成形。

王柔芳每天都是最早到工廠、最晚下班的人。

才剛創業，王柔芳就帶著蝸牛捲參加臺中十大伴手禮徵選，從初選二百多家廠商中晉級，複賽再從一百家中脫穎而出獲選為臺中十大伴手禮，王柔芳說：「同一年臺中舉辦世界花卉博覽會，因蝸牛蛋捲外觀形似玫瑰花，所以又獲得花博獎、最佳現場人氣獎。」創業第一年就拿下三項大獎，也打開了知名度。二〇一八年獲選十大伴手禮是兩款地瓜口味，「伴手禮需表現在地特色，所以我使用臺中海線的臺農五十七號地瓜粉，地瓜粉和麵粉比例為1:1，入口滿滿地瓜香氣，也是勝出的原因。」

即使稍微有了知名度，王柔芳依舊不敢鬆懈，陸續研發出包了牛軋糖的雪山蝸牛捲、捲入鳳梨酥的藏心鳳酥捲、玉帶鳳凰捲等產品，遇到假日就全家出動到處去市集擺攤，小孩累了就鋪紙板躺在旁邊睡，「只要有出去，東西好吃，消費者就會回購。創業真的很辛苦，不是人幹的，雜事很多，當然也需要一點機運。」王柔芳說得淡然，但機運並非憑空掉下來，而是加倍努力的成果。至今她依舊每天早上六點半到工廠，員工下班後，還需打掃、整理訂單、訂貨，回到家都晚上八點半了。

「要創業就要有心理準備，人家每天工作八小時，你就要工作十二小時。」她說。

「我很感謝母校高餐給我扎實的基礎。基本技法學會後，你會發現坊間烘焙商品都是從基本技法變化的，但還要會包裝、行銷，我們系上有很多很好的老師，有問題打電話回去，都能從老師那裡獲得解答。剛創業遇到問題，我向烘焙管理系老師徐永鑫請教，獲益良多。」

模仿跟風總是帶給原創者打擊，但蝸牛捲卻未受害，原來千層蝸牛捲、玉帶鳳凰捲、雪山蝸牛捲、藏心鳳酥捲這四款都取得了專利，所以坊間找不到相同商品。「申請專利是爲了保護自己，像常見的水滴形蛋捲沒有專利，所以很多同性質商品，且陷入削價競爭的惡性循環。」王柔芳說，臉書有很多一頁式詐騙，若發現仿冒嫌疑，就會委託律師處理。

專精與謙虛，讓王柔芳創業之路走得更加順遂。她說：「烘焙商品會一直變化，所以要專精，比如我做蛋捲就不會想去做蛋糕，就是要把蛋捲做到最好吃。再來要謙虛，強中自有強中手，王鵬傑、武子靖這些世界冠軍也都很謙虛。多學多看多問，

剛捲好的蛋捲會先放在矽膠模裡冷卻成形。

自律與謙虛是王柔芳成功的關鍵。

不可以懶惰，自律很重要，人家說創業有三個月蜜月期，那不準，要看往後客人會不會回流。」

家人共同創業難免會發生爭執，難道不怕影響夫妻感情，王柔芳開完笑說：「我們沒吵過架，因爲忙到沒時間講話。」是呀，哪有空吵架，他們可是設下目標，要達到蛋捲的一百種可能！

給學弟妹的建議

創業盡量不要找別人合夥，否則撕破臉就知道了，小資創業也沒關係，因爲每個人的想法都不同，若出現歧異，很容易陷入拆不拆夥的兩難。我覺得不要貪心，有些同業會想著發展連鎖，但若碰到新冠肺炎疫情這種不可抗拒的因素就會很慘。慢慢做，一步一腳印，先把自己的聲量建制起來，如果沒有錢投廣告，就是到處去比賽，高餐的學生應該都很會比賽，參加比賽就有機會免費上通路廣告、報導採訪。網路時代只靠店面效益有限，可投小額廣告尋求曝光，但本質還是自己的產品好吃。

燚條柴

劉恩杰、黃俊誠

比親兄弟更親　哥兒們的熱情直火夢

黃俊誠（左）和劉恩杰（右）是多年同學，也是創業好夥伴。

引言

燚（音同易）條柴標榜爲直火歐式料理專賣，70%菜色皆以備長炭火力直接加熱。標榜選用臺灣在地好物，依季節變化特色創意料理，寬敞明亮的空間有著開放式廚房，料理過程全盤透明化呈現在客人眼前，甚至還設有肉品研製室製作西式香腸與煙燻肉品。

INDEX

燚條柴

地址：臺中市北屯區昌平路二段12之15巷57號1樓

電話：(04)2247-9613

網址：www.fire4kitchenlab.com

店名燚（音同易）由四個火組成，象徵由柴火炙燒出美味餐點。

劉恩杰　小檔案

學歷：

Hong Kong Polytechnic University—博士就讀中

Johnson & Wales University—學士、碩士

國立高雄餐旅學院—西餐廚藝科

經歷：

燚條柴餐飲有限公司—餐飲部總監、公司負責人

Woosong University, Daejeon, South Korea - Assistant Professor

Institut Paul Bocuse, Daejeon, South Korea - Assistant Professor

獲獎：

Gold Medal, Best of Food Show, 2015 Toronto Culinary Salon, Novices in Culinary Arts

Best Coach Award, 2019 International Top Chef Grand Prix

Silver Medal, 2015 ACF K-Category Competition

黃俊誠　小檔案

學歷：國立高雄餐旅學院—西餐廚藝科
經歷：燚條柴餐飲有限公司—主廚
迷路小章魚墾丁店—主廚
臺東文旅—主廚

燚條柴餐廳兩面全是大片玻璃窗，明亮採光給人充滿陽光的感覺。雖標榜為直火料理且採開放式廚房，卻不見烈火熊熊，因為燒烤火力來自少煙且高溫的備長炭。

兩位創辦人劉恩杰 Jay 和黃俊誠都是臺中人，Jay 過去有豐富的國際廚藝比賽經驗，在美國讀研究所時開過工作室、當過私廚，也曾在韓國大學任教，擅長管理；黃俊誠則一路在臺灣各大飯店歷練，又在墾丁超人氣迷路小章魚擔任主廚，實務經歷豐富，兩人一文一武，相輔相成。

兩人就讀高餐時就是同寢室無話不聊的好哥兒們，「二十歲畢業到現在，除了疫情期間，只要我回臺灣一定會約出去旅遊，我們有五個要好的同學，十幾年來都這樣不間斷。」Jay 笑說，「從兄弟們一起出遊，到有女朋友、老婆，然後現在有小孩，每年五個家庭還是會一起旅遊。」

彼此默契十足，加上個性互補，餐廳分工明確，黃俊誠主要負責廚務，劉恩杰則掌管員工訓練、財務、營運方向。兩人都是初次創業，Jay 很清楚自己擅長研發與管理，但在餐廳廚房如何優化流程、動線，讓員工好出餐，就需要借重黃俊誠的專長。

餐廳充滿活力朝氣。

餐廳是採光良好的玻璃屋。

黃俊誠（左）和劉恩杰（右）兩人分工合作無間。

兩人也會共同開發菜色，「一個人構思一定會有瓶頸，互相討論才能激起火花，你提A、他說B，或許A加B效果更好。也因爲我們兩人都是廚房出身，所以提到開發菜色就很有話題。」Jay說。

但親兄弟也要明算帳，很多人都怕合夥做生意最後會反目。Jay說，「在廚房會爭執是正常的，因爲每個人學的套路都不同，但我們都走過高壓的工作環境，也不是那種說話模稜兩可的人，有問題都是當面說清楚，做生意扯到錢就一定要開誠布公，白紙黑字寫清楚，找律師公證。」

二〇一八年兩人便開始討論創業，二〇二〇年燚條柴正式開幕，以黃俊誠豐富的在地資歷注入Jay在國外習得的元素，於是以歐陸料理爲底結合臺式風味，甚至融入韓國大醬、老干媽辣醬等，透過炭火燒烤全都化爲燚條柴的養分。

火是最古老的烹調元素，直火對於食物就是直球對決，「我們想追求的就是不囉唆，一塊牛排就是在烤爐上，從生肉烤到所需的熟度，味道最直接。」Jay說。

燚條柴選用備長炭，黃俊誠表示雖然起炭時間至少需四十、

戰斧豬排肉質鮮甜，搭配焦糖蘋果很契合。

肉品、海鮮都以備長炭燒烤，焦香味足。

炭烤時會刷上薩索雞油添增韻味。

風乾鵝胸先醃三天，晾乾再熟成三星期，切薄片即可品嚐。

五十分鐘，但溫度可高達700℃，不但熱傳達滲透度高，遠紅外線也較強，且低火舌不會出現熊熊烈焰，所以食物可迅速熟化，外表不易焦黑。另外，備長炭的燃燒持久性也遠勝其他木炭、木種，至少兩小時沒問題，足以供一個餐期使用。

以牛排爲例，備長炭的極高溫能讓肉質表面酥香、內在柔嫩，而常見的龍眼木火力僅約 300℃，雖然帶點燻香，論肉質口感就遠遠不及使用備長炭。至於備長炭放入烤爐的位置、堆疊方式、食材上烤架離火源的位置等，全都是學問。

戰斧豬排是最受歡迎的菜色之一，熟度得宜，肉質甘甜多汁，搭配炭烤而成的焦糖蘋果更是解膩。以炭火燒烤，熟度除靠師傅經驗判斷，像豬排就會插入溫度計測溫，「溫度計不會騙人，中心溫度差不多 160℉（約 72℃）就是最剛好的熟度。」當然，前提是選用品質夠好的肉品。

另一道章魚腳烤得香氣誘人，吃來柔嫩可口，搭配的莎莎醬除了以巴薩米可白醋調製，還加了醋薑，讓西式風味多了亞洲元素。

我最愛德式香腸家庭盤，匯聚了巴伐利亞白香腸、薩索雞香腸、煙燻起司豬肉腸和以熱燻法製成的手作培根。爲了製作西式香腸，燚條柴還設置了全年維持 16℃的肉品研製室，因豬肉打漿時需維持半冷凍狀態，絞打時溫度若上

各種冷凍自製肉品外帶包。

炭烤手工德式香腸家庭盤包含巴伐利亞白香腸、薩索雞香腸、煙燻起司豬肉腸和培根。

升到二十多度，油脂便會分離，而製作香腸的灌漿機也內建溫度計，可清楚知道何時該加冰塊。

講究用料從雞肉香腸就能看出來，選用高檔的雲林薩索雞製作，雞骨架則熬高湯，多數食材炭烤時，都還會刷上薩索雞煉製的雞油，難怪氣味都香噴噴。

直火料理看似陽剛，但細節處都還需廚師有副溫柔的心，才能將食材變得美味。

開業以來，面對最大的危機就是新冠肺炎疫情，燚條柴應變手法很靈活，「我認爲應該要做市場想要的東西。」Jay 解釋，「我們有70%是家庭客，原本做適合分享的大分量餐點，聚餐時多點幾道，大家分著吃感覺很划算；但疫情嚴峻時客人怕群聚，所以就調整成個人套餐，當疫情趨緩後，又順應客人需求改回分享式。」

「有需求才有供給，現在我們的經營方式是先考量誰是販售對象，才去設計商品，而不是先有商品再去想賣給誰，如果沒有需求何來供給。」Jay 說出目前的經營思維。

面對疫情打擊，燚條柴還會設計有效的行銷活動，像是兒

鮮奶加入凝乳酶凝固，質地軟滑咕溜，比豆花更嫩。

炭烤章魚腳搭配蕃茄莎莎與香草沙拉。

自家灌製的德式香腸風味道地。

童節只要親子同行就送兒童套餐；母親節點雙人套餐免費送羅西尼牛排，五十至六十歲送五盎司、六十至七十歲送六盎司等，不僅有話題性，也吸引不少媒體報導。

中秋連節甚至推限時吃到飽活動，中秋節吃烤肉已成習慣，直火燒烤餐廳還怕沒生意嗎？Jay 解釋：「因長輩會拜拜就減少外食，有些人連假選擇出遊，會損失很多客人。平常沒有吃到飽推出吃到飽，這一天各種料理都可盡情享用，紅白酒、啤酒任你喝，對客人很有吸引力。」

眞是超有梗，我忽然想起店名「燚條柴」，靈感該不會來自周星馳電影《鹿鼎記II神龍教》裡頭的

「我愛一條柴」吧！Jay 和黃俊誠到底誰是周星馳影迷？

Jay 哈哈一笑，「誰不愛星爺！」

「燚有熊熊烈火之意，也有平安之意。取這個店名是希望餐廳業績能如熊熊烈火般蒸蒸日上，也希望一切平平安安。」Jay 說。

電影裡吃了「我愛一條柴」的人不管如何，他照樣是勇往直前，不會放棄的。

燚條柴也是。

給學弟妹的建議

在高餐累積的人脈很重要，我創業前從許多校友得到寶貴的經驗談，有些同學雖沒進入餐飲業，卻在設備商任職，人脈的交流是很重要的資源。這麼多年來，有太多的學長姐、學弟妹開過店，都是很好學習渠道。

大一第一天，老師就跟我們說學習的態度、工作的態度是很重要的。這我也寫在員工手冊裡，有正向的態度，事情才會往正向發展。

學餐飲是很辛苦的事，不管未來怎麼走，扎實的基本功是很重要的，沒有好的基礎，不管去哪都不會被看重。

要給自己設定目標與期許，比如今年想做什麼，歲末年終時看看做到了多少，給自己向前走的動力。

膳馨民間創作料理

鄭乃綱

霸氣總裁只爲您　從端盤子到年收破億

椒鹽大元蹄滷過再炸，口感外酥內嫩。

引言

膳馨民間創作料理是以臺式料理爲主軸的餐廳，運用在地食材爲創作根本，創業已邁入第十年，創辦人鄭乃綱將各地特色融入菜餚，且提供客製化服務，旗下二個品牌三家餐廳，年營業額已破億。

INDEX

膳馨民間創作料理

地址：臺中市西區存中街21號

電話：(04)2372-1650

網址：shan-shin.com

膳馨民間創作料理曾獲米其林餐盤推薦。

鄭乃綱　小檔案

學歷：國立高雄餐旅大學中餐廚藝系畢業

經歷：臺南度小月營運經理

證照：中餐烹調乙級、丙級技術士證

創業：膳馨民間創作料理

馨苑小料理

事蹟：膳馨民間創作料理—二〇二〇、二〇二一米其林餐盤推薦

膳馨民間創作料理—經濟部商業司二〇二〇經典臺菜餐廳

膳馨民間創作料理—經濟部商業司二〇二一傳承臺菜餐廳

馨苑小料理—二〇二〇、二〇二一米其林必比登推薦

俗話說：「食無定味，適口者珍」、「眾口難調」，如何符合客人需求成了開餐廳最大的課題，膳馨餐飲集團創辦人鄭乃綱就深諳此道，旗下餐廳菜餚可依客人喜好調整，但同

鄭乃綱對食材相當講究。

一樓座位能看到庭院的綠意盎然。

牆上掛著書寫店名的書法作品。

桌難免口味有別，比如辣度輕重，所以直接奉上一小罐自製 XO 醬，嗜辣者可自行添味。

「有些傳統師傅聽到客人要求調味淡一點，就直接回『不可能』，我們也遇過客人要求砂鍋魚頭不加沙茶，傳統師傅肯定叫他甭吃了，不如直接煮魚湯。但我們還是思考如何調味以符合客人需求，也很認眞去查資料，原來上海的砂鍋魚頭就沒加沙茶，膳馨訓練出來的師傅，對於菜餚都能保留一點空間去調整。」鄭乃綱說。

看待客人是否爲奧客僅一念之間，「有時這種乍看不合理的要求，其實反映我們的眼界不夠廣，這些需求都是磨練自己的機會。」鄭乃綱說。

一切以客爲尊、菜餚融入創意，都與他的資歷息息相關。鄭乃綱退伍後進入餐飲業，第一份工作在臺中音樂餐廳，當時很流行創意料理，團隊有各種料理師傅，將中式菜餚融入各國元素，奠定了他的廚藝能力。但即將升任副主廚之際，他卻決定離職，居然跑到臺北隨意鳥地方應徵服務員，從外場做起。

「我的目標是未來要開餐廳，總覺得在廚房做菜無法了解顧客需求，明明覺得這道菜很有特色，但客人不見得會接受，所以很好奇顧客到底要什麼，料理不會是開一家店的全部，自己應了解外場服務。」鄭乃綱哈哈一笑，「那時沒想太多，也不了解西餐，剛好隨意鳥地方在一〇一的八十五樓，號稱全世界最高的西餐廳，心想應該很厲害，於是就去應徵。」

想學好服務禮儀、外場知識，他認為要從西餐外場才能學到精髓，「所以我有兩年時間離開廚房，從端盤子做起，這段經歷讓我日後回到廚房，不管是管理、菜色開發都多了不同面向思考，創作料理時也會考量到客人如何食用。」

可別小看端盤子，當服務生時，透過觀察獲益良多，比如蝦子要不要先剝殼，在廚房處理好可省去客人的麻煩，否則客人得找地方洗手，或為了優雅放棄不吃，甚至乾脆不點，這些思考都成為未來設計菜單的養分。

後來赴上海高檔渡假飯店任職，「每人團費二十五萬元，五天四夜的行程都在飯店，但三餐菜色不能重複，所有餐點需客製化，像是兩隻腳不吃、四隻腳不吃、早上吃早齋、海鮮素等，既要符合需求，菜色又得變化。」

「在國外被客人問起我的家鄉菜，學了很多國家的料理，該如何闡述你從哪裡來，讓我很認真思考臺菜

火爆三鮮匯聚蟹肉、中卷和松阪肉大火爆炒，濃鮮可口。

芋奶雞骨球運用西餐概念，將蒸軟芋頭變成醬。

到底有什麼，後來進入臺南度小月服務，透過這個品牌更了解臺灣土地，一路從廚房師傅、店長到擔任整個集團營運經理，也協助度小月在北京開設海外第一家分店。」鄭乃綱說，後來創業便以臺菜爲主，並設定爲民間菜餚。

傳統滷豬腳、滷腿庫舉凡大節日、祝壽、辦桌都能看到，是能充分代表臺灣的菜餚，但現在飲食習慣不喜太過油膩，因此調整成多數人都可接受的鹹淡口味。招牌菜椒鹽大元蹄工序複雜，先紅燒滷兩小時，再燜一小時，出餐前再大火油炸，反覆淋油使表皮酥脆，搭配自行調製的椒鹽、酸菜，能感受到酥脆表皮與柔嫩肉質的口感。

滷過的大元蹄需反覆澆上熱油，表皮才會酥脆。

除了講究客製化，食材也是重點，膳馨清一色選用具產銷履歷的肉品。蒜泥白肉使用活菌豬五花肉，肉質絲毫無腥，吃來甘鮮甜美，但成本較高，也代表會反映在餐點售價上，坊間蒜泥白肉百來元就有，膳馨卻要價兩百多，但味道騙不了人，入口就能明白食材優劣差異。十年來，客人也都能理解一分錢一分貨的道理。

鄭乃綱說：「最明顯例子就是金沙風暴蝦球，早期使用一般蝦，每份三百元可能有二十隻，點餐率卻不高，後來改用成本兩倍、品質更好的鮮蝦，現在一份近四百元，裡頭約八隻蝦，客人反應卻更好。」

做餐廳是細水長流，吃進身體的東西更要重視。不敢說物超所值，但至少得做到物有所值，這點必須跟顧客溝通。

另一道芋奶雞骨球是家庭常見菜色，但多

半將雞肉、芋頭一起燉煮，看起來糊糊的，賣相不好。「對我來說是記憶中媽媽的味道，但要端上餐桌成爲宴客菜就需改變。我運用西式料理的醬汁概念，先將芋頭燉開打成醬，雞肉另行過油，搭配蒸透的芋頭塊拌炒，再淋上芋泥醬汁。」不只烹調思維改變，廚房設備也得跟上腳步。芋泥醬汁質地濃稠帶黏，使用中式餐廳廚房傳統炮爐很容易炒焦，所以還特地設置了西式平口爐。

雖然是中餐廳，但十年前就已經配備蒸烤箱，「中菜應該跟西餐一樣，靠數據來管控，才可以大量複製。我們出身高餐，已花了很多時間學習，就要好好利用這些知識，而不是採傳統方式做事。將學到的知識好好運用在料理上，提升中菜品質，這是我一直努力的方向。」鄭乃綱說，傳統中菜師傅一把刀、一個炒勺、一口鍋子就可以做出那麼多料理，若再融合科學管理概念、使用進步設備，品質更能提升。

鄭乃綱表示創業十年來，一路走得很艱辛，「頭一年沒生意，開了餐廳卻在賣便當，那時也沒錢廣告宣傳，只能把名片貼在便當上，沒辦法開源，就努力節流，我們也沒放棄，而是以便當創造更多的價值。」鄭乃綱說，「有時候一整天打完便當就沒客人，創業第一年就

川味水煮牛肉滋味香麻微辣，吃來很過癮。

自製XO醬也推出禮盒。

是這樣走過來。不過打便當也打出成就，疫情三級警戒時，我們馬上快速調整，三天後就上線開賣便當，也因爲便當在疫情期間有不錯收入。」從當年一個八十元賣到現在四百九十八元，二〇二二年還獲選爲經濟部優質米食盒餐，號稱是五百元以下最強便當，認真活在當下，去面對問題解決它。

鄭乃綱說自己開店後，才知道不是菜餚好、會外場就可以，還要懂得財務、抓損益，包含帶團隊都需要學習。

如今旗下有兩個品牌三家餐廳、一間中央廚房，年營業額已破億，明明已經是總裁等級，但他總自稱爲「料理人」，鄭乃綱說：「我的人生上半場是在廚房做菜的『料理人』，現在人生的下半場都在餐廳『料理』人。」

「餐飲業缺工情況嚴重，但目前集團編制全滿，我們認眞正視人事問題，學著如何去克服，而不是抱怨大環境。每個產業都有必須面對的問題，當你能解決這個問題，就能成爲這個產業的領導者。」

鄭乃綱創業以來，每年餐廳營收以增加千萬元速度成長，而成長的每個過程都需要改變。

「我們唯一不變的，就是永遠在變。」鄭乃綱說。

鄭乃綱旗下有膳馨民間創作料理、馨苑小料理兩個品牌。

給學弟妹的建議

認眞面對所遇到的問題，用積極正面態度處理。年輕人不要害怕去做、不要計較，餐飲技術門檻很重要，炒一百遍的炒飯跟炒一千遍的炒飯有沒有差？跟炒一萬遍的炒飯相較呢？炒飯可能炒十次就會了，但是到精、到人家會崇拜、會跟你學習，是需要很多的歷練，不斷重複的做。做廚房的人常常會覺得這個我會了，那個我懂了，雖然我們的工作每天都是做一樣的事，如何從一成不變的工作裡，找到可以精進自己的方法，這才是最重要的。像在這個行業成爲佼佼者，就是需要付出很多的努力。

Wecall Dessert餵口甜點工作室

將幸福透過烘焙點心傳達給所有人

謝萬廷、溫佩伶

溫佩伶（左）與謝萬廷（右）

引言

謝萬廷與溫佩伶兩人自高雄餐旅大學不同科系畢業，小倆口從學生時期談戀愛到實習，再經歷出社會與共同築夢創業，一直到現在共組家庭。這對年輕的夫婦，將自己的甜點工作室開在小港老社區裡，除了吸引當地新大樓的住戶，也有許多高雄市區與外縣市的朋友專程前來，最近更因爲禮盒製作，成功開拓新市場。

INDEX

餵口甜點

地址：高雄市小港區新昌街3-3號

電話：07-791-2787

臉書：https://www.facebook.com/wecalldessert

營業時間：13:00-19:00，週一、二公休

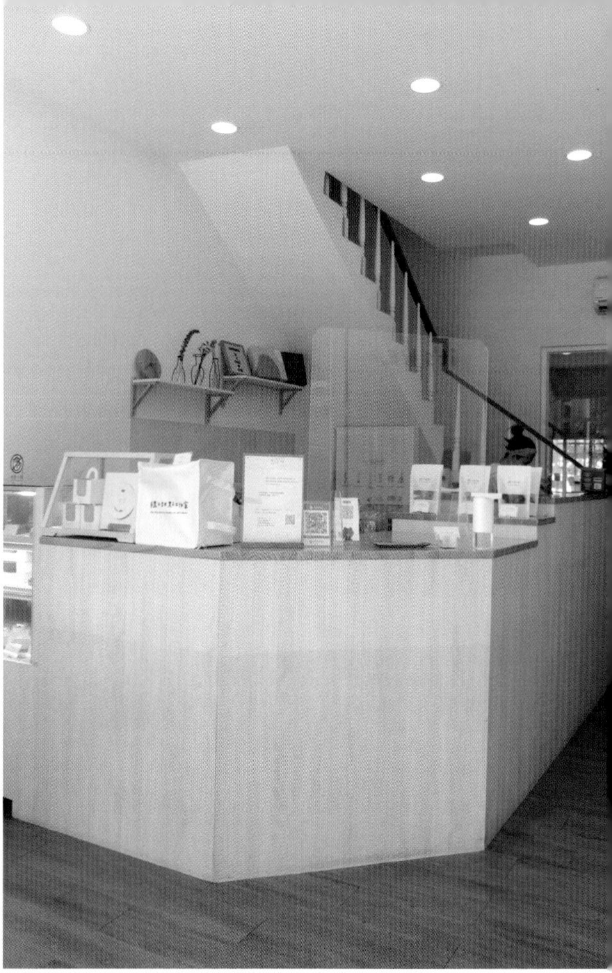

餵口甜點開在社區裡，外觀以奶油色為主調，溫馨可愛。

謝萬廷　小檔案

出生：一九九一年

學歷：道明高中，高雄餐旅大學旅館管理系

實習：臺中長榮桂冠酒店

創業：餵口甜點，二〇一六年創立，客單價二百元

溫佩伶　小檔案

出生：一九九四年

學歷：高雄餐旅大學餐飲管理系

實習：臺中長榮桂冠酒店

創業：餵口甜點，二〇一六年創立，客單價二百元

「Wecall Dessert 餵口甜點工作室」開在高雄的小港區，離高雄餐旅大學很近，但是離高雄市區中

心卻有一段距離。從主幹道接小巷弄，再轉入老住宅社區的公園，終於看到了餵口甜點工作室。整棟建築外觀主色調是奶油色的甜美風格，還有帶童趣的文字點綴，整家店在夕陽暖光斜射之下，更顯耀眼可愛。

負責人謝萬廷與溫佩伶是對年輕小夫妻，男帥女甜美，也彷若照著奶油色那樣親切可人。兩人會決定創業，是共同在臺中長榮桂冠酒店實習的時候，夢想在那時發了芽，後來正式出社會，也考量兩人的身體負擔程度，加上溫佩伶也會製作甜點，從國中她就開始接觸烘焙，一直到大學讀了餐旅管理系都沒有荒廢技藝，他們倆人決定先從無店面的工作室開始做起。當時正巧高雄餐旅大學的餐旅暨會展行銷管理系有活動，兩人首次有了小攤位，正式販售起自己親手手做的甜點。一切夢想從那時起跑，即便無實體店面，他們利用網路社群平

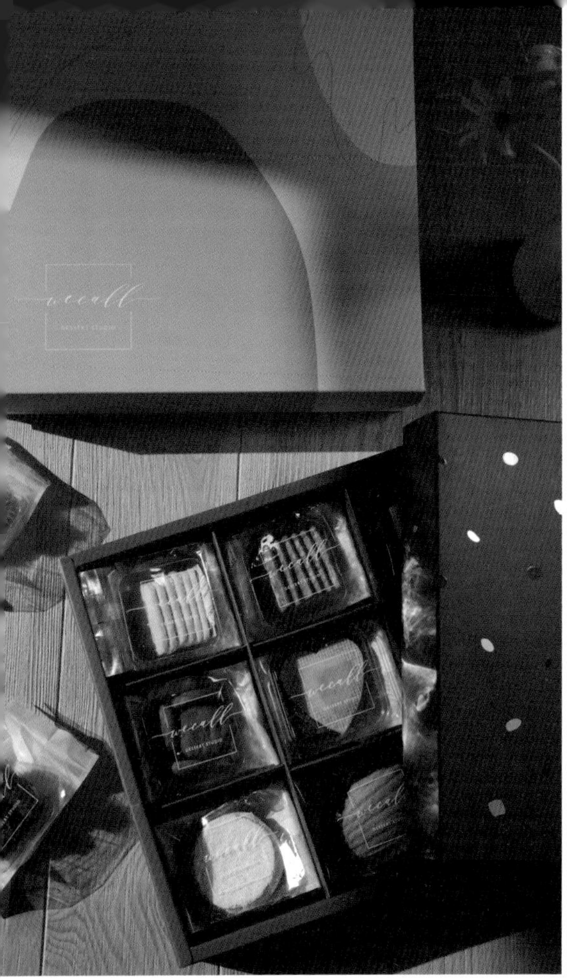

餅乾禮盒模樣討喜

多口味的方形甜塔，是這裡的招牌。

臺，慢慢接單出貨。因爲畢竟沒有房租、人事等成本，他們倆也很無壓力地且不貪心地，慢慢做著兩人低調的生意。

過了約莫一年，有了還不錯成績時，謝萬廷與溫佩伶原本有想出國深造工作的念想，父母在這時候覺得已經略有名氣的店就這樣結束了太可惜，於是投資他們倆，將這棟位於小港的住家，成爲他們創業的實體店面。但是最令人驚訝的事情，發生在店面正式開幕第三天。

謝萬廷說：「剛開幕的幾天陸續有客人來。某日下午，應該是開幕的的第三天，竟然美食節目《食尚玩家》的幕後製作人與助理，來我們店裡吃甜點，吃完後突然對著我遞出了名

we
CALL DESSERT

草莓生乳酪是新產品，融合乳酪慕斯、草莓果醬、戚風蛋糕、餅乾底，元素多元。

多年的烘焙資歷，溫佩伶做出的甜點精緻又美味。

片，並詢問我們，是否願意接受他們的節目採訪與拍攝。在驚嚇之餘，我也考慮著是否要接受，畢竟我們眞的很菜，才剛開幕幾天而已。最有趣的是，那時候的品項就只有五個，三個口味的甜塔與兩個奶酪，連飲品也沒有。後來美食節目拍攝完成，再約莫一個月之後電視放映，我們一夕之間成爲小有人氣的店，很多人會專程來到小港，吃我們的甜點。」

電視美食節目讓餵口甜點工作室被更多人看到，倆人心存感激，但命運總愛考驗人，福禍總相依，溫佩伶說：「那時候瞬間湧入好多人潮，我們每天都忙著工作，要做甜點也要招呼客人，那陣子每天都只睡五個小時。我覺得原因可能是我們還沒有完全準備好，就已成爲那樣『爆紅』的狀態。」後來，還是有電視節目來拍攝，但他們倆平常心對待，找到正確的腳步，也逐漸尋獲這家店適合走的路。

店裡最招牌的甜塔，特地做成正方形，訴求一個口字，貼合店名「餵口」的涵義。用料也不隨便，像甜塔下

濃生巧克力塔苦甜好吃，是特別用54%及70%兩種濃度的巧克力來製作。

藍莓塔用了新鮮藍莓，外型好似珠寶盒。

方的塔皮，是選用法國麵粉T55，加上進口發酵奶油來製作。溫佩伶將甜塔的口味增多，最招牌的濃生巧克力塔，是以54%濃度的巧克力做成內餡，上面水滴狀的裝飾是70%濃度巧克力做成的甘納許，內餡因爲還有法芙娜脆球，讓整體口感更豐富。同樣受歡迎的檸檬塔，則是檸檬奶餡搭著白巧克力慕斯，溫佩伶說：「我們的塔甜度盡量不要太甜，但檸檬塔的酸度則要明顯一些，所以酸甜度是經過多次測試得來，我會盡量調整到至少有七成的人覺得滿意的程度。」另外，外觀好似珠寶盒的藍莓塔，有新鮮藍莓之外，內餡中間還夾入藍莓醬，吃起來有著飽滿莓果香氣與天然的酸甜。

二〇一八年，兩人決定結婚，喜餅則由自家生產製作，竟然因此另外開拓了喜餅禮盒的市場。溫佩伶說：「我自己設計的喜餅在那時候受到親朋好友的喜愛，名聲逐漸擴展。比起冷藏甜點，喜餅禮盒的好處是接單再製作，盡量客製化，但是不會有耗材耗損的問題。禮盒內容除了餅乾，還有常溫蛋糕，也有堅果塔。」送禮之選以外，這些禮盒也變成客人們逢年過節時的搶購商品。爲了與傳統市場區隔，溫佩伶刻意讓禮盒內容走創意風，像是中秋節時，這幾年大家可能風靡蛋黃酥，她則選擇將相關的元素融入西點中，「例如我做鹹蛋黃口味的餅乾，是中秋節推出，吃起來像奶皇那樣的獨特口感。而到了農曆過年，我會做烏魚子口味的酥餅。餅乾不是只

能做甜的口味，我們甚至也有辣味的餅乾。」她說。因爲創新，揮別傳統印象，引起客人更大的興趣。且餵口甜點工作室的周邊，除了有新建案大樓，也有中油、中鋼等企業行號，因此接近逢年過節時，老主顧都知道要提早預約，並期待他們又會生產什麼有趣的節慶糕餅。

餵口甜點工作室的標語是「The thing delivering happiness, we call it dessert.」這句話中的「we call」也是餵口甜點名字的由來。如今謝萬廷與溫佩伶不但有工作室這個孩子，他們也生了個寶貝女兒。持續被幸福環繞的兩人，也將這份幸福，透過烘焙點心，傳達給所有人。

給學弟妹的建議

不論是創業，又或者有什麼夢想，都盡可能的認眞去試。求學階段就好好學習，並善用學校豐厚的資源。在努力的過程中，也要有做最壞打算的準備，當眞的不幸失敗或遭逢挫折時，才不會有太重的得失心。

國家圖書館出版品預行編目資料

（高餐大的店）創業與夢想．第三冊：18位餐飲職人創業的夢想與實踐／國立高雄餐旅大學著．——初版．——臺北市：五南圖書出版股份有限公司，2023.04
面；　公分
ISBN 978-626-343-626-8（平裝）

1.創業

494.1　　111020753

GPN：1011200290

4LA2 餐旅系列

高餐大的店　創業與夢想III
18位餐飲職人創業的夢想與實踐

主　　編：國立高雄餐旅大學（NKUHT Press）
發 行 人：陳敦基
發行單位：國立高雄餐旅大學（NKUHT Press）
地　　址：高雄市812小港區松和路1號
電　　話：(07)806-0505
傳　　真：(07)802-2985
總 策 劃：蕭登元
執行單位：研究發展處、高教深耕計畫辦公室
文字編輯：邱俊智
採訪記者：沈軒毅、黃翎翔、葉盛耀
圖片來源：沈軒毅、黃翎翔、葉盛耀

發 行 人：楊榮川
總 經 理：楊士清
總 編 輯：楊秀麗
副總編輯：黃惠娟
責任編輯：陳巧慈
封面設計：姚孝慈
出版／發行：五南圖書出版股份有限公司
地　　址：106台北市大安區和平東路二段339號4樓
電　　話：(02)2705-5066　　傳　　真：(02)2706-6100
網　　址：https://www.wunan.com.tw
電子郵件：wunan@wunan.com.tw
劃撥帳號：01068953
戶　　名：五南圖書出版股份有限公司

法律顧問　林勝安律師

出版日期　2023年4月初版一刷
定　　價　新臺幣320元